虚拟现实技术与动画专业应用系列丛书

Unity 3D

体感交互游戏开发

李想 张明宝 主编

郭世凯 江贺 李晓晨 官毅 李震 副主编

清华大学出版社

北京

内 容 简 介

本书重点介绍 Unity 3D、Leap Motion 和 HTC Vive 三种技术。Unity 3D 是最新的游戏引擎,本书采用兼容性好、扩展性丰富的 Unity 3D(2020.3.30 版本)引擎来进行案例的设计开发。在开发人机交互产品和系统方面,Unity 3D 不仅能够整合代码和设计,而且能够将操作窗口可视化,实时地进行画面的更新和数据的显示,Unity 3D 还能够支持虚拟现实设备(如 HTC Vive 虚拟现实套装)、体感交互设备(如 Leap Motion 体感交互设备)等设备的运行,并支持对应虚拟现实技术与体感交互技术的开发,将传统的人与计算机键盘、鼠标控制显示内容和文本的互动,转变为更多的自然交互形式,体现形态也由 2D 扩展到 3D 可视化的终端显示。

本书适用于具有一定 C♯编程基础和基本的人机交互技术开发能力且具备一定虚拟现实基础知识的读者,也可作为虚拟现实、互动媒体、人机交互等领域从业人员的参考书。

图书在版编目(CIP)数据

Unity 3D 体感交互游戏开发:微课视频版/李想,张明宝主编.—北京:清华大学出版社,2024.1
(虚拟现实技术与动画专业应用系列丛书)
ISBN 978-7-302-64507-8

Ⅰ.①U… Ⅱ.①李… ②张… Ⅲ.①游戏程序—程序设计 Ⅳ.①TP311.5

中国国家版本馆 CIP 数据核字(2023)第 163013 号

责任编辑:陈景辉 李 燕
封面设计:刘 键
责任校对:胡伟民
责任印制:丛怀宇

出版发行:清华大学出版社
  网 址:https://www.tup.com.cn,https://www.wqxuetang.com
  地 址:北京清华大学学研大厦 A 座 邮 编:100084
  社 总 机:010-83470000 邮 购:010-62786544
  投稿与读者服务:010-62776969,c-service@tup.tsinghua.edu.cn
  质量反馈:010-62772015,zhiliang@tup.tsinghua.edu.cn
  课件下载:https://www.tup.com.cn,010-83470236
印 装 者:三河市人民印务有限公司
经 销:全国新华书店
开 本:185mm×260mm 印 张:16.5 字 数:415 千字
版 次:2024 年 1 月第 1 版 印 次:2024 年 1 月第 1 次印刷
印 数:1～1500
定 价:59.90 元

产品编号:093416-01

前言
PREFACE

本书遵循国际工程教育教学理念和思想,坚持以案例为导向,以项目为载体,用项目驱动教学的模式,在各章使用实际的单元项目案例来讲解知识点,基于构思、设计、实施、运行的背景,通过实现具体的案例来对知识点进行学习和强化,并在知识运用部分进行知识点的扩展使用和技能提升训练。读者在案例分析和项目实践的过程中,能够提高运用知识和技术的熟练程度,提升创新实践能力。

本书主要内容

本书适用于具有一定的 C♯ 语言编程基础,以及具备基本的人机交互技术开发能力,了解 C♯ 或 Java 语言基本语法,需要进一步深入学习人机交互最新技术和体感设备开发的读者。作为一本关于人机交互技术的图书,全书共 7 章,前 6 章为知识点讲解,第 7 章为示例项目指导。

第 1 章是人机交互概述,主要介绍人机交互技术的发展,从传统的人通过计算机键盘、鼠标控制显示内容和文本的互动,转变为更多的自然交互形式。

第 2 章是人机交互基本输入技术,主要介绍采用 Unity 3D 创建基本的人机交互界面,将鼠标、键盘等作为人机交互技术的接口。

第 3 章是人机交互与虚拟环境,主要介绍结合 Unity 3D 进行碰撞检测的学习、视觉交互的学习、声音的可视化学习以及虚拟环境中简单的人工智能的应用。分别从视觉、听觉、虚拟触觉等角度进行人机交互的应用。

第 4 章是基于 Leap Motion 手势识别的人机交互,主要介绍用 Leap Motion 的控制,摆脱了传统的键盘和鼠标的束缚。同时本章选取的案例来源于教育部产学合作协同育人项目——《基于虚拟与增强现实技术的教学资源开发与制作》。

第 5 章是基于 HTC Vive 虚拟现实设备的人机交互,主要介绍结合 HTC Vive 虚拟现实技术,利用其获取项目信息以及沉浸式体验技术的优势进行更深层次人机交互的应用。

第 6 章是数据库交互案例设计开发,主要介绍 Unity 3D 可连接数据库 MySQL 进行后台数据的实时统计,也可以进行网络平台的搭建,同时能够进行多种外接设备的功能扩展,最后通过一个完整的虚拟仿真实验项目进行全书的知识点整合和扩充。

第 7 章是 Magic city 三级项目指导。

本书内容的混合式教育教学改革知识点关系如图 0.1 所示。

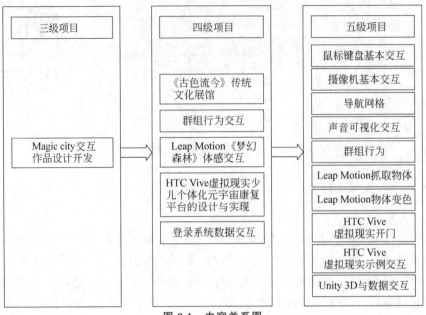

图 0.1　内容关系图

本书特色

（1）注重实用性和实践性，全书包含多个基础知识点开发案例以及扩展应用项目，各章的知识点都配以精心设计的项目案例来讲解，并包含知识的扩展运用部分。

（2）步骤清晰，各知识点有相应的操作步骤及图片展示。

（3）可满足初学者全面而系统地学习理论知识的需求及充分实践的需求。

（4）常见交互方式方法清晰，可以有效提升效率，提高相应知识技巧的使用率。

配套资源

为便于教与学，本书配有微课视频、源代码、教学课件、教学大纲、安装程序。

（1）获取微课视频方式：先刮开并用手机版微信 App 扫描本书封底的文泉云盘防盗码，授权后再扫描书中相应的视频二维码，观看教学视频。

（2）获取源代码、彩色图片、全书网址和安装程序的方式：先刮开并用手机版微信 App 扫描本书封底的文泉云盘防盗码，授权后再扫描下方二维码，即可获取。

源代码　　　　　彩色图片　　　　　全书网址　　　　　安装程序

（3）其他配套资源可以扫描本书封底的"书圈"二维码，关注后回复本书书号，即可下载。

读者对象

本书适用于具有一定 C♯编程基础和基本的人机交互技术开发能力且具备一定虚拟现实基础知识的读者，也可作为虚拟现实、互动媒体、人机交互等领域从业人员的参考书。

本书由具备数年"人机交互技术"课程讲授经验的教师编写,他们同时具备使用 Unity 3D、Unreal 4 和 C♯语言等技术进行实际项目开发的经验,该编写团队中还有负责动画设计制作的教师,能够完美地将技术和艺术进行整合。在本书的编写过程中,编者将部分的项目资源整合到实践案例中,为学生的实践学习拓宽了视野。

全书由李想(女,中共党员,中国计算机学会(CCF)会员,大连东软信息学院数字艺术与设计学院数字媒体技术系副主任。主要讲授"人机交互技术""互动装置设计""游戏物理学"等课程。主持横、纵向课题多项,发表论文数篇,拥有专利及著作权多项)、张明宝担任主编,郭世凯、江贺、李晓晨、官毅、李震担任副主编,杨婷茹、潘怡润含同学负责校对。除此之外,书中案例的测试由 HCI 人机交互工作室曾嘉伟、田晓旭、许鸣辉、胡漫、张钘、陈晓东、孙一博、刘瑞焘等同学完成,虽经过编写团队教师多次集体讨论、修改、补充和完善,但错漏之处仍在所难免,敬请读者批评指正。

本书可供数字媒体技术、数字媒体艺术、动画等专业"人机交互技术""体感交互项目开发""Unity 3D 体感交互""虚拟现实项目实训""数字媒体技术综合实训"等课程和项目教学使用,或者艺术类专业"人机交互设计""人机交互动装置设计"等课程教学使用。

编 者

2023 年 10 月

目 录

CONTENTS

第 1 章

人机交互概述

人机交互技术(Human-Computer Interaction Techniques)是指通过计算机输入/输出设备,以有效的方式实现人与计算机对话的技术。它包括机器通过输出或显示设备给人提供大量有关信息及提示请示、人通过输入设备给机器输入有关信息及回答问题等。人机交互技术是计算机用户界面设计中的重要内容之一,它与认知学、人机工程学、心理学等学科领域有密切的联系。随着人工智能技术、元宇宙技术、大数据科学技术的迅速发展,人机智能交互技术逐渐走进应用与研发领域。人机交互正朝着自然和谐的人机交互技术和用户界面的方向发展。游戏引擎技术的迅猛发展为人机交互与用户可视化显示界面提供了良好的技术支撑,实现了所见即所得,也称为可视化操作。

人机交互的发展历史是从人适应计算机到计算机不断地适应人的发展史。人工智能以及元宇宙技术的发展进一步促进人机交互走向智能可视化。交互方式从传统的人通过计算机键盘、鼠标控制显示内容和文本的互动,转变为更多的智能化且自然的模式;体现形态也从 2D 扩展到 3D 可视化的终端显示。在最初,很多学者和专家认为人机交互可以通过网页设计、网站设计来体现,发展至今,用户可以通过虚拟现实(VR)技术、增强现实(AR)技术、混合现实(MR)技术以及影像现实(CR)技术作为技术表现形式的手段,基于计算机及网络产生的内容和相对计算机及网络现实所产生的内容,针对内容、渠道的接受主体(人或其他物体),形成主体、内容、渠道三要素构成的人机交互产品。

教学的重点和难点
- 人机交互技术的研究内容。
- 人机交互技术的发展历史。
- 人机交互技术的最新应用。

学习指导建议
- 重点掌握以人为本的、自然和谐的人机交互理论和方法。通过研究视觉、听觉、触觉等多通道信息融合的理论、方法、协同交互技术以及 3D 交互技术等,建立具有高度真实感的虚拟环境,使人产生身临其境的感觉。
- 基于 Unity 3D 引擎技术构建人机交互产品和案例。
- 了解人机交互技术与其他相关学科的关系。
- 本章中的案例参见本书的配套电子资源以及书中源码,教师慕课资源请扫描本章课后作业中的二维码获取,这些内容有助于读者进行更好地复习和提升。

视频讲解

1.1 人机交互概述

人机交互是研究人、计算机以及它们之间相互影响的技术,是人与计算机之间传递、交换信息的媒介和对话接口。作为一门交叉性、边缘性、综合性的学科,人机交互是计算机行业竞争的焦点从硬件转移到软件之后,又一个崭新的、重要的研究领域。通俗来讲,通过拍打墙上的乐器手绘图形,就可以实现触控计算机声音的交互。

1.1.1 人机交互的发展史

早期的人机交互中常见的输入/输出设备是键盘、显示器。操作员通过键盘输入命令,操作系统接收到命令后立即执行并将结果通过显示器输出。输入的命令可以有不同的方式,但每一条命令的解释是清楚的、唯一的。

人机交互技术的发展和计算机的发展是相辅相成的,一方面计算机速度的提高使人机交互技术的实现变为可能,另一方面人机交互对计算机的发展起着引领作用。而在人机交互技术中比较重要的体现部分就是人机交互界面的展示,人机交互界面的发展又可以大致分为两类,一类是简单的人机交互界面发展,另一类则是自然的人机交互界面发展。人机交互界面发展阶段示意如图 1.1 所示。

图 1.1 人机交互界面发展阶段示意

除人机交互界面技术外,人机交互输入设备也逐渐发展,在语言命令交互阶段,计算机语言经历了由最初的机器语言,然后是汇编语言,直至高级语言的发展过程。这个过程也可以看作是早期的人机交互的一个发展过程。从输入设备到输入语言可以直观看到交互形式的变革,语言命令交互阶段的输入和输出如图 1.2 所示。

图 1.2 语言命令交互阶段的输入和输出

图形用户界面(Graphical User Interface,GUI)的出现,使人机交互方式发生了巨大变化。图形用户界面的主要特点是桌面隐喻、WIMP技术(WIMP是由"视窗"(Window)、"图标"(Icon)、"菜单"(Menu)以及"指标"(Pointer)英文首字母所组成的缩写,其命名方式也指明了它所依赖的四大互动元件)、直接操纵和"所见即所得"。与命令行界面相比,图形用户界面的人机交互自然性和效率都有较大的提高。图形用户界面很大程度上依赖于菜单选择和交互组件(Widget),所以图形用户界面给有经验的用户造成不便,用户有时倾向于使用命令行而不是选择菜单,且在输入信息时用户只能使用手作为唯一的输入通道。图形用户界面需要占用较多的屏幕空间,并且难以表达和支持非空间性的抽象信息的交互。

随着虚拟现实、移动计算、人工智能等技术的飞速发展,自然和谐的人机交互方式得到了一定的发展。基于语音、手写体、姿势、视线跟踪、表情等输入手段的多通道交互是其主要特点,其目的是使用户能以声音、动作、表情等自然方式进行交互操作。体感设备交互案例如图1.3所示。

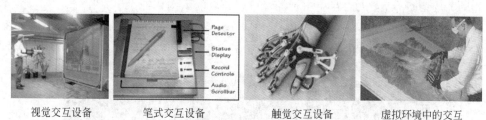

视觉交互设备　　　笔式交互设备　　　触觉交互设备　　　虚拟环境中的交互

图1.3　体感设备交互案例

1.1.2　人机交互技术的应用领域

随着虚拟现实、人工智能、元宇宙技术的迅速发展,人机交互的形式也发生了重大变革,人机交互技术的应用领域不断丰富。AR、MR技术为可穿戴设备提供新的交互应用方式,在人机之间构建了一种新的虚拟屏幕,并借助于虚拟屏幕实现场景的交互,是目前在智能眼镜、沉浸式设备、体感游戏等方面应用比较广泛的交互技术之一。触觉交互应用利用触觉信息增强人与计算机和机器人的交流,其应用领域包括手术模拟训练、娱乐、机器人遥控操作、产品设计、工业设计等。触觉交互应用目前在沉浸式智能产品中有一定的应用前景,未来将会是人类能够在虚拟现实中"真实"地感知外界的一种关键交互技术。脑波交互应用将会是可穿戴设备产业的终极应用方式,不仅构建了人与设备之间,同时也是构建了人与人之间的一种新的沟通方式。

在工业领域,国内林康等基于3D VIA Virtools开发了深水钻机虚拟操作系统,实现了石油钻井装备的联合作业流程仿真,用于控制程序的辅助测试,降低机电液联调试验风险。中国农业大学翟志强研究基于虚拟现实技术的拖拉机双目视觉导航试验方法。刘忠凯构建了基于Unity 3D的装甲车辆虚拟运动系统,通过编写脚本实现了装甲车辆在场景中的运动与碰撞检测算法。大连东软信息学院张明宝老师团队与大连天丰科技有限公司联合对特种设备虚拟仿真进行开发,形成工业化人机交互产品,如图1.4所示。

在教育科研领域,哈尔滨工程大学基于3D建模软件MultiGen Creator、实时仿真软件Vega Prime和程序开发软件Visual Studio 2005开发深水铺管起重船驾驶模拟系统的视景仿真子系统,结合深水铺管起重船实际作业环境的特点和训练要求,逼真模拟了深水铺管起

图 1.4　工业化人机交互产品

重船的航行环境,以三通道视景显示技术直观再现船舶海上航行状态和作业场景,包括场景漫游、波浪仿真、海洋特效、大气环境和碰撞检测,为驾驶人员的桌面级驾驶培训提供感官上真实生动的虚拟场景,人机交互应用于教育科研领域的示例如图 1.5 所示。

拍岸浪与尾迹效果　　　　　　晴、雨、雾、雪海洋环境仿真效果
图 1.5　人机交互应用于教育科研

在健康医疗领域,交互设备的升级助力医学发展从治疗为主到兼具预防治疗、康养的生命健康全周期医学的新理念落地。虚拟仿真实验教学是护理学计算机信息化教学的重要组成部分。截至 2020 年 4 月,国家虚拟仿真实验教学项目共享平台(以下简称共享平台)共有护理学类项目 26 项,涉及“基础护理学”“急危重症护理学”“内、外科护理学”等 10 门课程。如图 1.6 所示,大连东软信息学院张明宝老师团队与江苏经贸职业技术学院联合开发智慧康养谷项目,形成系列养老虚拟仿真交互系统,辅助人机交互应用在健康医疗领域落地。

图 1.6　人机交互应用于医疗健康领域

　　在军事领域,军事战略战术演练和培训是刺激交互技术发展的动力源,如早期的飞机驾驶员培训和今天的军事战略和战术演习仿真等。使用计算机技术能方便地适应环境和条件,同时虚拟仿真系统适用于特殊、危险等环境模拟训练中。F35是第一种在座舱里取消了平视显示器(HUD)的量产战斗机,F35的飞行员将在头戴设备上观测场景。人机交互在军事领域中的应用如图1.7所示。

　　苹果公司采用多种交互技术,提供智能商务终端,如掌上电脑、智能手机、iPad、智能固话终端等。通过捷通嵌入式手写识别技术,将在手写设备上书写时产生的有序轨迹信息转换为汉字内码;通过捷通华声嵌入式语音合成技术,利用计算机将任意组合的文本文件转换为声音文件,并通过声卡、电话语音卡等多媒体设备将声音输出,提供短信语音播报等功能。人机交互在电子产品设计中的应用如图1.8所示。

图1.7　人机交互在军事领域中的应用

图1.8　人机交互在电子产品设计中的应用

　　在文化娱乐领域,2008年北京奥运会开幕式采用的高亮度数字投影设备和第十一届全运会开幕式投影系统采用的"大碗幕"展示了现代投影技术的巨大创造力。在数字文旅中,名人故居以及风景名胜应用AR技术穿越古今,人机交互在AR文旅中的应用如图1.9所示。

图1.9　人机交互在AR文旅中的应用

　　在影视制作领域,动作捕捉设备已经得到了广泛应用。在《加勒比海盗3》的制作过程中,就运用了运动捕捉技术来进一步合成的影片效果。同时在2022北京国际电影节开幕式红毯中,PICO公司为观众带来了一场前所未有的VR直播,不少明星与嘉宾还通过VR摄影机和PICO VR一体机,与影迷隔空实现"零距离"接触,弥补了观众无法亲自到场的遗憾。人机交互在影视活动中的应用如图1.10所示。

图 1.10　人机交互在影视活动中的应用

　　在体育运动领域,英国推出 3D 立体电视节目,播放了英式橄榄球和足球比赛画面,通过两台摄像机拍摄,模拟人左右眼的成像,观众通过特制的 3D 立体眼镜,使大脑对图像进行处理,让画面看上去好像在起居室里重现,给观众身临其境的感觉,球员的一举一动仿佛就在身边。随着全民智慧健身的兴起,智慧体育运动以便捷、高效、科学、精准等优势逐步在体育行业应用,体育运动融合前沿科技,让运动项目变得更有趣、更科学,极大增加了民众的运动兴趣和热情,VR 体育作为智慧运动健身的重要组成部分,深受用户的喜爱。人机交互在体育赛事活动中的应用如图 1.11 所示。

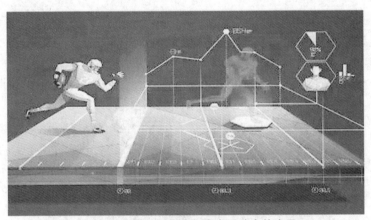

图 1.11　人机交互在体育赛事活动中的应用

　　在国家重点研发计划"科技冬奥"重点专项——"冬季项目运动员技能优化关键技术研究"项目中,项目负责人、上海体育学院科学研究院院长刘宇带领项目团队开发适合雪上运动员运动效率和运动能力提升的神经——生物力学增强技术与干预模式,利用人工智能辅助系统捕捉运动员 3D 动作信息,包括起跳开始蹬伸距离、起跳时下肢三个关节的角度、身体姿态、飞行初期的攻角、雪板的仰角等关键运动力学指标,帮助教练员和运动员掌握分析每一个时刻的技术动作细节。人机交互运动捕捉案例如图 1.12 所示,在跳台滑雪项目中,教练员可通过人工智能辅助系统实现对运动员运动过程的 3D 捕捉分析。

图 1.12 人机交互运动捕捉案例

(图片来源：上海体育学院)

1.2 人机交互与可用性分析评估

视频讲解

人机交互可用性是指特定的用户在特定的环境下使用产品并达到特定目标的效力、效率和满意程度。可用性意味着使用产品的人能够快速而方便地完成任务。

可用性所反映的用户对产品的需求表现在以下 5 个方面(5E)：首先是有效性(Effectiveness)，即怎样准确、完整地完成工作或达到目标；其次是效率(Efficient)，即怎样快速地完成工作；另外还有吸引力(Engaging)，即用户界面如何吸引用户进行交互并在使用中得到满意和满足；除此之外容错能力(Error Tolerant)，即避免产品错误的发生并帮助用户修正错误的能力也是不可缺少的；最后是易于学习(Easy to Learn)，即支持用户对产品的入门使用和在以后使用过程中的持续学习也是很重要的。

1.2.1 人机交互与前沿科学技术

增强现实(AR)，是指在真实环境之上提供信息性和娱乐性的覆盖，如将图形、文字、声音及超文本等叠加于真实环境之上，提供附加信息，从而实现提醒、提示、标记、注释及解释等辅助功能，是虚拟环境和真实环境的结合。混合现实(MR)，则是计算机对现实世界的景象处理后的产物。CAVE 沉浸式体验技术可以为可穿戴设备提供新的应用方式，主要是在人机之间构建了一种新的虚拟屏幕，并借助于虚拟屏幕实现场景的交互。这是目前智能眼镜、沉浸式设备、体感游戏等方面应用比较广泛的交互技术之一。人机交互与虚拟现实设备及应用示意图如图 1.13 所示。

数字孪生(Digital Twin)是近几年兴起的前沿技术之一，简单而言就是利用物理模型，使用传感器获取数据的仿真过程，在虚拟空间中完成映射，从而反映相对应实体的全生命周期过程。在未来，物理世界中的各种事物都可以使用数字孪生技术进行复制，是智能化的一个重点研究方向。比如一个工厂在还未建造之前，就完成其厂房及生产线等的数字化模型，从而在虚拟的空间中对工厂进行仿真和模拟，并通过数字化检测、测量系统等将真实参数传给实际的工厂建设，厂房和生产线建成之后，在日常的运维中二者继续进行信息交互，以完

图 1.13　人机交互与虚拟现实设备及应用

成监控、维护等工作。同理,产品设计中的数字孪生指的是,在产品未投入使用时便建立其数字模型,模拟仿真其使用情境,以优化设计(如基于虚拟仿真技术的内饰设计等),同时,在产品投入使用时,通过传感器等设备获取其实际使用过程中的各种重要参数,建立其数字孪生体(当然,此处的数字孪生体只提取真实产品的关键参数进行建模,并非将真实产品的全部物理信息映射到数字孪生体中),并将这些数据传送到虚拟数字模型中,实现在日常的运维中二者继续进行信息交互。

在设计阶段,利用数字孪生思想对产品进行虚拟仿真模拟,对产品的人机工效、力学性能等进行仿真,验证产品在真实环境中的性能以优化设计。值得注意的是,基于数字孪生的虚拟仿真不仅基于传统的 CAD 模型,它也是基于高保真的 3D CAD 模型,它被赋予了各种属性和功能定义,包括材料、CMF(连续微滤波技术)、感知系统、机器运动机理以及与人的多通道交互等产品全维度的信息,这些都通过内置于产品内的传感器实现。全方位信息的采集和馈送是智能设计的基础,从而实现交互过程中的实施信息反馈。

在服务阶段,通过实时数据采集的馈送,可以在真实产品的数字孪生体中监控产品的实时运行情况,并为后续相关产品升级优化作出有效的数据支撑。

以一款座椅来说明基于数字孪生技术的智能产品设计。前期在设计软件中仿真分析座椅的人机工效、力学性能等信息,模拟座椅在真实场景中的使用情境,在概念设计阶段优化座椅的设计;中期搭建实体座椅模型,并安装各种传感器,如测量人坐压的压力传感器、测量坐姿的接触面积传感器、内置的时钟等，同时，采集人使用座椅的数据，并建立数据馈送机制，实现物理模型和数字模型的双向信息反馈；最后，结合大数据、人工智能等技术，收集数据，进行智能产品设计改进等，如使用人工智能的深度学习方法预测人不同坐姿的舒适度等。

1.2.2　开发平台和工具

Unity 3D 作为一个开发工具不但可以用来开发游戏类项目，还可以用来开发软件类和网页类的项目。Unity 3D 集成了 MonoDevelop 的编译平台的优点。Unity 3D 的主要编程语言是 C♯ 和 JavaScript。Unity 3D 在设计之初就被定义为一个易于使用的操作软件。Unity 3D 的发布平台有很多，PC、Phone 都可以作为它的发布平台，Unity 3D 的软件和脚本在 Windows 和 macOS 系统中都可以完美运行，Unity 3D 发布的文件类型适用于 iOS、WebGL（需要 HTML5）和 Android 等多种平台，几乎是覆盖了当今市面上的所有设备。它采用面向对象编程，使用户在使用这个引擎进行脚本编译时能够直观地看到项目整体的变化，有利于项目的及时修改和完成。

Unity 3D 作为一个综合性的开发工具，它的优点十分突出。首先 Unity 3D 可定制 IDE 的开发环境，IDE 的开发环境中有代码编辑器相关工具，用户在使用的过程中能够十分方便地使用它的相关功能，Unity 3D 在使用的过程中如果想要对场景中的一个模型进行操作，可以直接进行调整，避免了诸多软件的相互传递。与此同时 Unity 3D 可以基于 Mono 脚本来开发，使得程序员能够更加方便地进行跨平台代码的编写。

在基于组件的对象系统方面，Unity 3D 也很优秀。早期的引擎软件基本上都是继承设计方案的优先性，更多时候软件本身考虑的是编码的便捷性和简单性。并且早期的引擎软件的设计走向非常具有针对性，遇到一些很复杂的问题时，继承式的编码方式就显得十分麻烦。并且相对于 Java 和 C♯ 编程语言来说，Unity 3D 本身就没有太多的继承能力，所以继承式的编码方式在面对越来越严格的要求中已经不能满足用户的使用。组件式的主要特点就是可以体现出编码方式中的聚合优先的特点，通过组件式的使用不但能够高效率地完成项目的相关功能，还能够减少成本和开销。

Unity 3D 所见即所得，快速见效。Unity 3D 是一个面向对象的编程工具，在使用过程中，这一功能可以说是用户最喜欢的一个特点，在 Unity 3D 的源码编辑完成之后，单击"运行"按钮就能够看到所编写的效果，并且在项目运行的过程中可以随意修改组件中的数值来进行调试，在停止运行之后还会将原来的数值重新显示出来，用户可以更加方便地进行项目测试和项目的修改。

Unity 3D 还带有代码补齐工具，在编写源码的过程中，用户只需输入固定源码的前几个字母或前几个语句，系统就会将用户可能用到的语句全部显示出来，这一功能的实施，对编码初学者来说是一个很大的帮助，不必再为固定的语句去死记硬背。利用代码补齐工具来学习编程，会更加快速和高效。在编写大量的源码时也能够节约时间，提高效率。

不仅如此，Unity 3D 还具有多平台的发布能力。Unity 3D 所支持的平台几乎涵盖了当下所有的流行平台，能够满足绝大多数项目开发人员的需求。在早期的引擎开发工具中，发布的平台几乎都是 PC 客户端，能够有一些可以支持 Xbox 就已经很强大了，这也是 Unity 3D 成为当下比较热门的软件之一的原因。Unity 3D 官方网站如图 1.14 所示，可在官方网站自行下载并安装软件,网址详见前言二维码。

图 1.14　Unity 3D 官方网站

1.3　本章小结

　　本章主要针对人机交互技术的发展历史和应用领域进行介绍,阐述了通过引擎技术进行人机交互学习,能够结合最新的数字孪生技术分析其应用现状。结合智能化的人机交互技术以及最新的体感交互设备如何在多个领域运用,给读者带来一定的参考和启发。

1.4　课后作业

　　(1) 查阅资料了解人机交互技术的最新应用。
　　(2) 任选一个人机交互技术应用领域进行深入研究,撰写相关的人机交互技术发展及其在该领域的报告,调研报告模板可在本书配套资源中查阅。掌握人机交互产品可用性的原则,通过可用性测试分析任意一种人机交互代表作品,形成 PPT 案例。
　　(3) 了解 Unity 3D 引擎,在官方网站进行下载并安装最新版本的软件。

1.5　实验：熟悉人机交互技术

一、实验目的
　　熟悉人机交互技术的基本概念和主要内容;
　　通过因特网搜索与浏览,了解网络环境中主流的人机交互技术网站,掌握通过专业网站不断丰富人机交互技术最新知识的学习方法,尝试通过专业网站的辅助与支持来开展人机交互技术应用实践。

二、工具/准备工作
　　需要准备一台带有浏览器且能够访问因特网的计算机。

三、实验内容与步骤

概念理解：什么是人机交互技术？

从"人机交互应用"来看，人机交互界面并不仅指计算机系统中的人机交互界面，而是具有更广泛的意义。请结合目前已有的人机交互界面装置，选择一种你所了解的人机交互界面装置并介绍该装置的最新发展，同时简单谈谈你的感想。

T.H.Nelson 说："设计对象时，要想让对象既简单又清楚，设计者至少要花费比一般设计方法多一倍的时间。首先，要集中精力弄明白简单、清楚的系统将怎样工作，接下来所需的步骤就是让这套系统确实这样工作。通常这些步骤比实现普通系统的步骤要困难和复杂许多。实现这个系统需要坚持不懈地追求，即使障碍重重，也决不放弃。"对他的这段话，你是怎么理解的？有什么看法或感受？

在网络发达的今天，互联网的普及以及相关引擎的使用也加速了人机交互技术的发展。在进行网络搜索和浏览时，你习惯使用的网络搜索引擎是什么？你在本次搜索中使用的关键词是什么？

人机交互技术专业网站实验记录

网站名： 　　　　　　网址： 　　　　　　主要内容描述：

你认为最重要的两个人机交互技术网站

网站名称：

网站名称：

分析各个人机交互技术网站当前的技术热点

名称：

技术热点：

名称：

讨论议题：

举例说明人们在日常生活中能应用的人机交互技术。

最能体现人机交互技术或 VR、AR 技术的游戏是哪个？应用哪个引擎开发？分析说明其设计风格与交互流程。

举例说明因向用户提供最佳体验而获得成功的数字产品或服务。

举例说明最新智能交互应用的领域以及开发方式。

四、实验内容与步骤

五、实验评价（教师）

第 ❬2❭ 章

人机交互基本输入技术

通过 Unity 3D 可以制作虚拟现实娱乐项目、桌面平台的应用项目、游戏的开发项目等，可以通过鼠标、键盘控制场景中的人物移动、花草树木的生长、怪物的出现和逃跑等丰富有趣的效果，那么鼠标、键盘是如何控制 3D 场景中的物体？为什么很多游戏里都是用 W、A、S、D 键控制前、后、左、右的移动？在本章中将学习通过 Unity 3D 进行人机交互中最基本的鼠标键盘交互。本章培养学生对软件的操作能力，初步培养学生的审美能力、分析问题能力，使学生了解在 Unity 3D 环境中实现基本的人机交互案例制作的流程。

教学的重点和难点

- 常用的输入控制函数的撰写；
- Input 方法中变量和常用函数的灵活运用；
- 鼠标和键盘与 3D 物体的基本交互。

学习指导建议

- 重点掌握如何在 Unity 3D 中进行输入控制，以及在 Update 内监听截获光标、键盘的消息和监听事件的实际应用。
- 引导学生进行代码的编写并且完整地运行案例。
- 重点强调灵活运用输入控制相关函数，根据项目需求延展鼠标的几种状态控制，如鼠标进入、按下、离开等。
- 强调 Forest 虚拟展馆案例的设计开发，针对该案例能够用鼠标和键盘实现第一人称的交互控制。

视频讲解

2.1 Unity 3D 中的输入控制

2.1.1 Unity 3D 中的输入控制相关概念

Unity 3D 中的输入控制的类型有很多种，包括用户键盘、鼠标、触摸、重力感应、手势输入以及地理位置输入等方式。在游戏中,玩家控制主角移动,按键攻击,选择行走,都需要在程序中监听玩家的输入。Unity 3D 为开发者提供相关技术来支持键盘事件、鼠标事件以及触摸事件,以及手势事件的触发应用。

手势是一种自然、直观、易于学习的人机交互手段。手势输入是实现自然、直接人机交互不可缺少的关键技术。目前的手势识别技术主要分为基于数据手套和基于视觉两种,这两种技术各有所长,也都取得了一些研究成果,但都还不成熟。手势输入作为一种自然、丰富、直接的交互手段在人机交互技术中占有重要的地位,其研究内容包括手势的定义、手势分割、手势建模、手势分析、手势识别以及基于手势的人机交互等。

由于人手是一个复杂的非刚性的物体,且手势本身具有多义性、多样性以及在时间和空间上存在差异性的特点,手势的这种高维状态表达是姿态估计中有效全局搜索真实手势的最大障碍。济南大学重点实验室结合计算机科学和认知心理学等相关学科,对 3D 运动人手跟踪进行多学科的交叉讨论和研究,提出了基于认知模型的运动人手的 3D 跟踪方法,并对涉及的关键问题进行了研究。因此本章需要掌握最基本的鼠标和键盘的交互技术。

鼠标和键盘的交互是每天都接触而又容易忽略的最基本的交互形式,使用鼠标和键盘浏览网页、购买物品、玩游戏、学习。为了更好地保留最基本的交互形式,同时用户可以更直接地进行交互,那么作为开发者,需要在开发的时候预留符合用户操作习惯的交互接口,才能形成自然的人机交互。

2.1.2　输入控制常用函数——input()函数

在 Unity 3D 中,截获鼠标、键盘的消息和监听事件的应用均在 Update 方法内监听。在输入控制中主要使用 input()函数控制用户的输入,同时 Unity 3D 为开发者提供了 input 库来支持键盘事件、鼠标事件、触摸事件,以及手势事件。

打开 Unity 3D 的工具栏,执行 Edit→Project Settings→Input Manager 命令后,可以通过name 选项观察到相关输入定义成功的变量,除此之外还可以自行定义相关变量。input()函数包装了输入功能的变量,可以读取输入管理器中设置的按键,以及访问移动设备的多点触控或加速感应数据,建议在 Update 方法内监测用户的输入。Input Manager 面板如图 2.1 所示。

input()函数的主要变量如下。

mousePosition:当前光标的像素坐标。

anyKey/anyKeyDown:当前是否有按键被按下。

inputString:本次更新时间间隔内输入的字符串。

acceleration:重力加速度传感器的值、加速度的方向。

touches:返回当前所有触摸对象的列表 Touch[],触摸屏可以支持多根手指轨迹。

input()函数的主要方法如下。

GetAxis/GetAxisRaw:返回表示虚拟轴的值。

GetButton/GetButtonDown/GetButtonUp:虚拟按钮。

GetKey/GetKeyDown/GetKeyUp:按下指定按钮。

GetMouseButton:获取鼠标按下按钮。

GetMouseButtonDwon:鼠标按键按下。

GetMouseButtonUp:鼠标按键抬起。

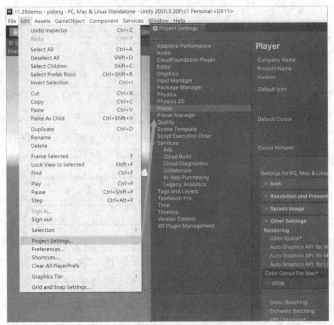

图 2.1   **Input Manager 面板**

GetTouch(index)：返回当前触控 Touch 对象。

Input Manager 可以为项目定义虚拟输入轴及其关联操作。打开 Unity 3D 的 Input Manager(输入管理面板)，执行 Edit→Project Settings→Input Manager 命令，显示虚拟轴输入控制台，其中虚拟轴输入控制台如图 2.2 所示。

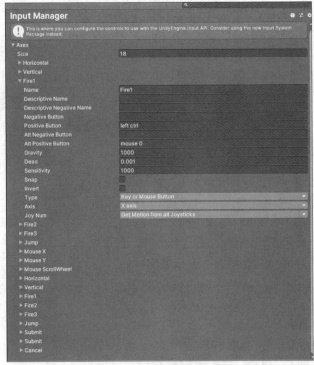

图 2.2   **虚拟轴输入控制台**

获得键盘事件的方法如下。

Input.GetKey(KeyCode.A)：获取按键 A。

Input.GetKeyDown(KeyCode.A)：按下按键 A。

Input.GetKeyUp(KeyCode.A)：按键 A 抬起。

获得光标信息事件方法如下。

Input.mousePosition：光标位置。

Input.GetMouseButton：获取按钮。

轴输入事件方法如下。

Input.GetAxis：获取轴。

根据坐标轴名称返回虚拟坐标系中的值，使用控制器和键盘输入时此值的范围为 $-1 \sim 1$。

2.2 Unity 3D 鼠标交互

视频讲解

2.2.1 鼠标交互常用函数

对于 Unity 3D 游戏开发，在 Unity 3D 的 API 中有许多事件函数，为了便于后续教学，本节主要介绍与鼠标交互相关的事件函数。

- OnMouseEnter：当光标进入物体范围时被调用。
- OnMouseExit：当光标退出时被调用，执行一次。
- OnMouseOver：当光标移动到某对象的上方时触发的事件，每一帧都执行一次方法。
- OnMouseUp：当光标按键被松开时触发的事件。
- OnMouseDown：当光标上的按钮被按下时触发的事件。
- OnMouseDrag：当用户光标拖曳 GUI 元素或碰撞体时调用。

2.2.2 输入交互案例：鼠标控制物体在 3D 场景中的交互

通过对输入输出控制函数的理解，在实际的 3D 场景中进行交互训练，掌握基本的操作习惯，尤其是对于没接触过 3D 空间的读者来说，3D 空间中的控制，是受到 X、Y、Z 三个轴共同作用的。鼠标控制物体在 3D 场景中的交互需要如下步骤。

（1）建立一个空的文件，创建一个立方体，并且对输入控件采取系统默认配置。在 Hierarchy 面板下执行 Create→3D Object→Cube 命令，创建立方体，如图 2.3 所示。

（2）按 Ctrl+S 组合键保存场景，并且将其命名为 yidong，同时在 Project 面板下执行 Create→C♯ Script 命令，创建 C♯ 脚本并命名为 yidong。

（3）定义鼠标控制该立方体（Cube）运动所需要的变量如下。

```
public GameObject Cube;              //要拖曳的物体
Vector3 mouse;                       //光标
Vector3 screenPos;                   //存储 Cube 的屏幕坐标
Vector3 worldPos;                    //记录鼠标坐标转换成的世界坐标
```

图 2.3　创建立方体

注：以上 Cube 为刚刚在场景中创建的立方体，Vector3 是一个 3D 向量，用于在 Unity 3D 中传递 3D 位置和方向。

（4）右击 Assets 面板，在弹出的快捷菜单中执行 Create→C♯Script 命令，创建完成后双击打开脚本，打开脚本后在 Update()函数中写入如下程序，其中 Unity 3D 默认数字 0 代表鼠标左键、1 代表鼠标右键、2 代表滚轮按键。

```
if (Input.GetMouseButton(0))
    {
        cube.transform.position = new Vector3(worldPos.x, cube.transform.
position.y, worldPos.z);
        }
    if (Input.GetMouseButton(1))
    {
        cube.transform.position = new Vector3(worldPos.x, worldPos.y, cube.
transform.position.z);
        }
    if (Input.GetMouseButton(2))
    {
        cube.gameObject.transform.Rotate(new Vector3(Input.GetAxis("Mouse Y") *
        Time.deltaTime * 200, -Input.GetAxis("Mouse X") * Time.deltaTime
* 200, 0));
```

通过以上核心代码的学习，来完善整个脚本，实现鼠标左键按下控制立方体左右移动，鼠标右键实现立方体上下移动，鼠标滚轮实现立方体旋转的效果。移动脚本如图 2.4 所示。

在此过程中，要注意对如下代码的理解，立方体是在 3D 空间中，屏幕显示的是一个二维状态，所以在移动时，会在鼠标第一次单击时记录 Cube 在场景中的坐标，并把世界坐标转换为屏幕坐标。

```
Assembly-CSharp                              ▼  yidong                                ▼  worldPos
1   using UnityEngine;
2   using System.Collections;
3
4
5   public class yidong : MonoBehaviour
6   {
7
8       public GameObject Cube;  //要拖拽的物体
9       Vector3 mouse;    //鼠标
10      Vector3 screenPos;    //存储cube的屏幕坐标
11      Vector3 worldPos;     //记录鼠标坐标转成的世界坐标
12      void Update()
13      {
14          screenPos = Camera.main.WorldToScreenPoint(cube.transform.position);
15          //当鼠标第一次单击时记录下cube在场景中的坐标,并把世界坐标转换成屏幕坐标
16          mouse = Input.mousePosition;  //当鼠标移动时记录下鼠标的坐标
17          mouse.z = screenPos.z;  //因为鼠标的z坐标为0,所以需要一个z坐标
18          //把鼠标的屏幕坐标转换成世界坐标
19          worldPos = Camera.main.ScreenToWorldPoint(mouse);
20          //当鼠标移动时,cube也发生移动,为了让cube的y轴不发生移动,设y轴为原来的y轴
21          if (Input.GetMouseButton(0))
22          {
23              cube.transform.position = new Vector3(worldPos.x, cube.transform.position.y, worldPos.z);
24          }
25          if (Input.GetMouseButton(1))
26          {
27              cube.transform.position = new Vector3(worldPos.x, worldPos.y, cube.transform.position.z);
28          }
29          if (Input.GetMouseButton(2))
30          {
31              cube.gameObject.transform.Rotate(new Vector3(Input.GetAxis("Mouse Y") *
32              Time.deltaTime * 200, -Input.GetAxis("Mouse X") * Time.deltaTime * 200, 0));
33          }
34      }
35  }
```

图 2.4　移动脚本

```
screenPos = Camera.main.WorldToScreenPoint(cube.transform.position);
```

当鼠标移动时记录鼠标的坐标。

```
mouse = Input.mousePosition;
```

鼠标的屏幕坐标转换为世界坐标。

```
mouse.z = screenPos.z;
```

当鼠标移动时,Cube 也发生移动,为了让 Cube 的 y 轴不发生移动,设 y 轴为原来的 y 轴。

```
worldPos = Camera.main.ScreenToWorldPoint(mouse);
```

（5）运行文件,通过适当操作来检验效果。脚本绑定和运行如图 2.5 所示。

通过以上步骤完成了脚本的绑定以及鼠标对于 3D 物体的交互,任何一个人机交互作品都包含了若干物体,这就要求对常用的操作有基本的认知。在完成基本操作的前提下进行更为丰富的交互效果设计开发。鼠标交互也是在 Unity 3D 虚拟场景中最常用的交互技术之一。

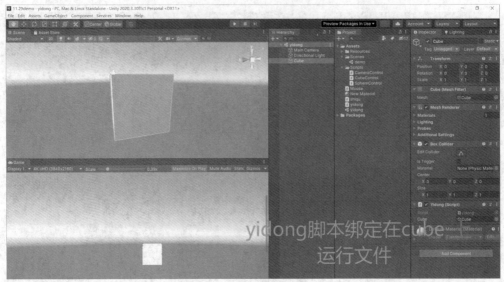

图 2.5　脚本绑定和运行

2.3　Unity 3D 键盘交互

2.3.1　键盘交互常用函数

对于 Unity 3D 游戏开发,在 Unity 3D 的 API 中有许多事件函数,为了便于后续教学,本节主要介绍与键盘交互相关的事件函数。

- GetKey:当通过名称指定的按键被用户按下时返回 true。
- GetKeyDown:当用户按下指定名称的按键时的那一帧返回 true。
- GetKeyUp:在用户释放给定名称的按键的那一帧返回 true。
- GetAxis(Horizontal)和 GetAxis(Verical) :用方向键或 W、A、S、D 键来模拟-1~1 的平滑输入。

2.3.2　键盘交互案例:小球、方块、摄像机随着按键运动

通过 3D 场景的搭建,可以创建丰富的交互效果,例如,让小球、方块这些内置的最基本的游戏物体能够跟着键盘按键互动起来,操作步骤如下。

(1) 创建虚拟交互环境,场景中放置小球、方块、地面,在 Project 面板下执行 Create→C♯ Script 命令,创建三个脚本:CameraControl、CubeControl、SphereControl。在基本的交互环境中创建场景如图 2.6 所示。

(2) 声明键盘交互所需要的变量。

```
public GameObject cube;
private float NormalDistance;
float MinDistance=5;
float MaxDistance=20;
```

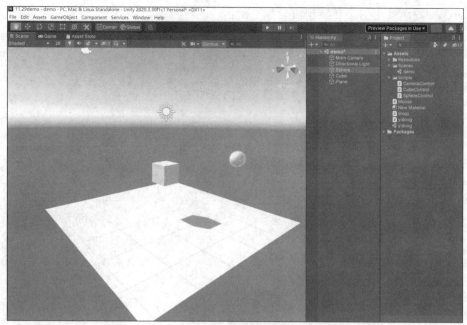

图 2.6 创建场景

（3）初始化位置信息。

```
void Start () {
        NormalDistance = Vector3.Distance(transform.position, cube.transform.
position);
    }
```

（4）CameraControl 脚本结构设置如下：初始化摄像机位置后，确定可以控制摄像机的按键信息，并且在 Update()函数中进行设定。CameraControl 脚本如图 2.7 所示。

图 2.7 CameraControl 脚本

（5）W、A、S、D键的交互控制信息如下所示。

```
//W键按下,向左移动摄像机视角
if (Input.GetKey(KeyCode.W))
        {
            NormalDistance -= Time.deltaTime * 10;
        }
//A键按下,向左旋转摄像机视角
if (Input.GetKey(KeyCode.A))
        {
            transform.RotateAround(cube.transform.position, Vector3.up, Time.
deltaTime * 10);
        }
//S键按下,向下移动摄像机视角
if (Input.GetKey(KeyCode.S))
        {
        NormalDistance += Time.deltaTime * 10;
        }
//D键按下,向右旋转摄像机视角
if (Input.GetKey(KeyCode.D))
        {
transform.RotateAround(cube.transform.position, Vector3.down, Time.deltaTime
* 10);
        }
//Q键按下,向上旋转摄像机视角
if (Input.GetKey(KeyCode.Q))
        {
            transform.Rotate(Vector3.left, Time.deltaTime * 10);
        }
//E键按下,向下旋转摄像机视角
if (Input.GetKey(KeyCode.E))
        {
            transform.Rotate(Vector3.right, Time.deltaTime * 10);
        }
```

（6）将CameraControl脚本拖动到Main Camera的Inspector面板下,并绑定到摄像机上,把小球暂时隐藏,同时实例化方块,脚本运行如图2.8所示。

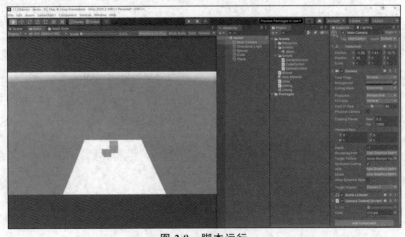

图 2.8　脚本运行

（7）美化场景，让小球绕着方块转动，小球脚本如图 2.9 所示。

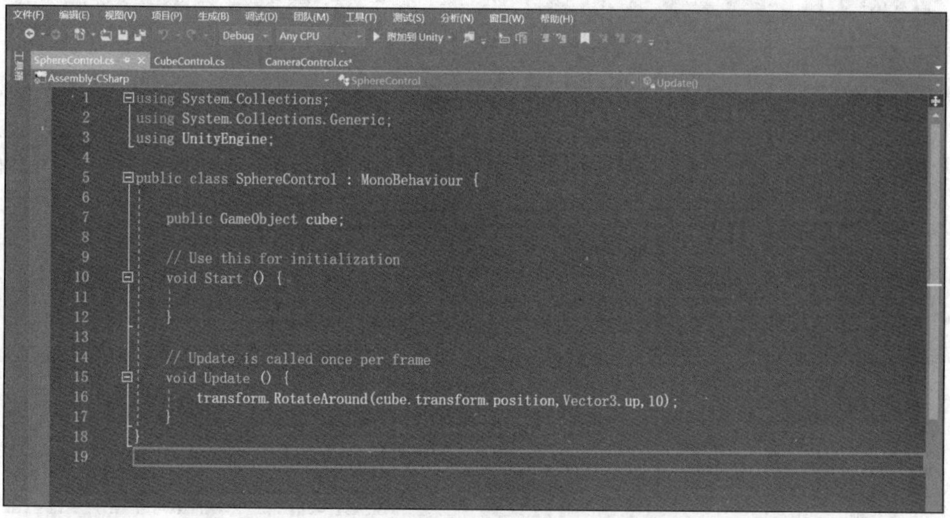

图 2.9　小球脚本

（8）美化场景，让方块绕着自己的 y 轴转动，方块脚本如图 2.10 所示。

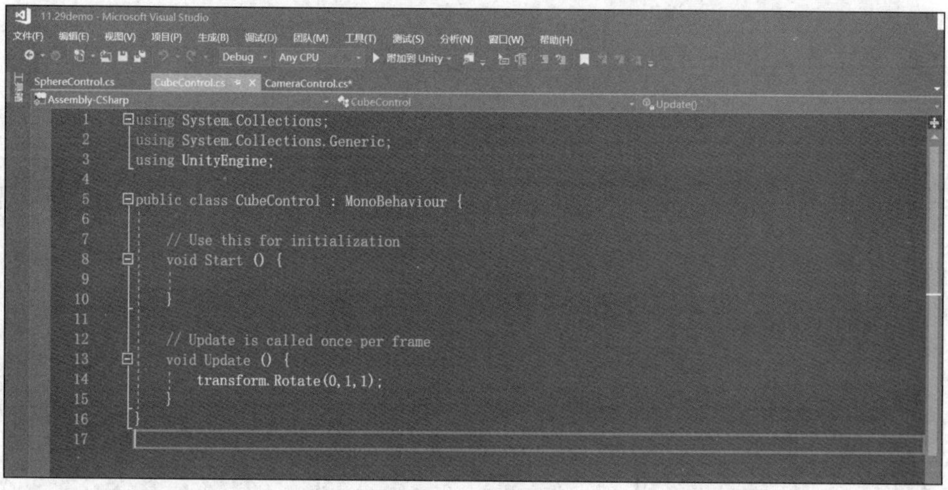

图 2.10　方块脚本

（9）运行场景，可得到小球绕着方块运动、方块自转，同时键盘上的 W、A、S、D 键以及 Q、E 键能够控制摄像机的运动。

2.4　Unity 3D 虚拟场景中的人机交互——forest 项目设计实现

在本节中可以结合鼠标、键盘以及 3D 场景的搭建，完成虚拟场馆的交互小型项目的设计开发。可以参照下面的步骤进行学习。

（1）创建一个新场景，命名为 forest，选择 3D 选项，单击右下角的"创建项目"按钮，创建项目如图 2.11 所示。

（2）在 Project 面板下，执行 Create→Folder 命令，在 Assets 下新建三个文件夹：

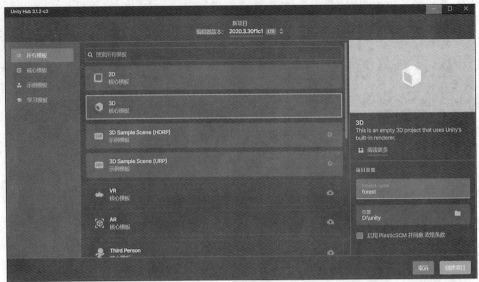

图 2.11　创建项目

Scenes(存放场景)、Resources(存放资源)和 Scripts(存放代码)。完成后再双击打开 Scenes
文件夹，执行 Create→Scene 命令，在 Scenes 下新建四个场景：early、Introduced、forest 和
FireDill。右击 SampleScene 场景，在弹出的快捷菜单中选择 Delete 选项，删除自带的
SampleScene 场景。新建文件夹 Scenes 如图 2.12 所示。

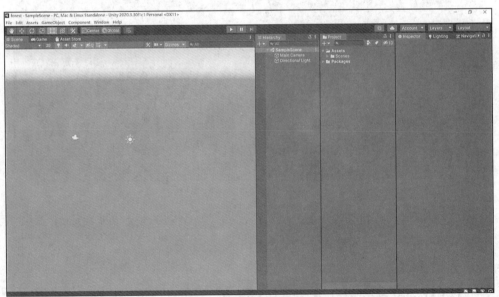

图 2.12　新建文件夹 Scenes

（3）导入资源，在 Asset Store 中下载免费的素材、场景和人物。单击 Asset Store 按
钮，打开 Asset Store 页面，搜索 Hand Painted Nature Kit LITE、Unity Particle Park 和
Standard Assets，并单击 Download 按钮下载素材，下载完之后单击 Import 按钮导入素材。
素材下载界面如图 2.13 所示。素材导入界面如图 2.14 所示。

图 2.13 素材下载界面

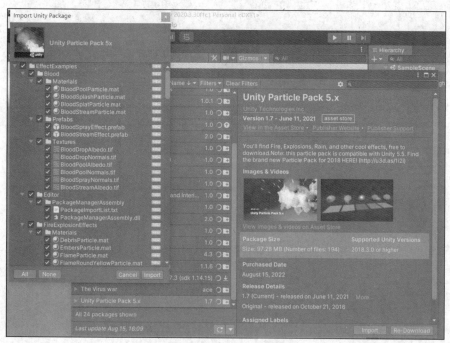

图 2.14 素材导入界面

（4）将 Game 界面的 Free Aspect 修改为 1920×1080 分辨率，双击 early 场景图标，进入 early 场景，在 Hierarchy 面板下执行 Create→UI→Canvas 命令，新建一个 Canvas。右击 Canvas，在弹出的快捷菜单中执行 UI→Panel 命令，在 Canvas 下新建一个 Panel。在同一面板下选中 Canvas 选项后右击，在弹出的快捷菜单中执行 UI→Image 命令，完成后再次选中 Canvas 选项后，右击，在弹出的快捷菜单中执行 UI→Button 命令，选中 Button 选项后，在出现的名称文本框中修改其中的内容为 xun，完成后单击 Button 选项前的"三角形"按钮，完成后选中其下拉菜单中的 Text 选项，并按下键盘上的 Backspace 键。完成后在 Hierarchy 面板下执行 Create→Create Empty→GameObject 命令，新建一个空物体

GameObject 用来挂载代码 fstart.cs。

（5）单击 Canvas、Image 和 xun 按钮修改 Inspector 面板的数据，修改数据如图 2.15 所示。

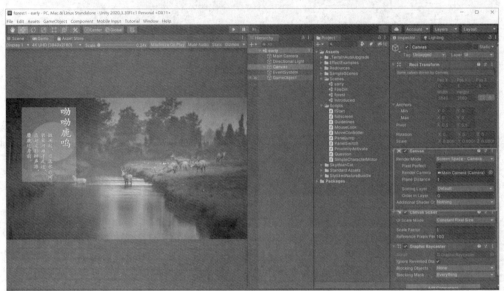

图 2.15 修改数据

（6）编写代码文件 fullscreen.cs 并保存。双击 fullscreen.cs 打开代码文件，编写控制发布文件窗口大小的函数，按 Ctrl＋S 组合键保存文件并拖动文件到每个场景的 Main Camera 上。

```
using System.Collections;
using System.Collections.Generic;
using UnityEngine;
public class fullscreen : MonoBehaviour
{
    void Update()
    {
        if (Input.GetKey(KeyCode.Escape))
        {
            Screen.fullScreen = false;       //按 Esc 键退出全屏
        }
        if (Input.GetKey(KeyCode.Q))
        {
            Screen.SetResolution(1920,1080, true);
            Screen.fullScreen = true;       //按 Q 键进入全屏
        }
    }
}
```

（7）编写代码文件 fStart.cs，双击 fStart.cs 文件打开代码文件，编写三段跳转场景的函数，按 Ctrl＋S 组合键保存即可。

```
using System.Collections;
using System.Collections.Generic;
using UnityEngine;
using UnityEngine.SceneManagement;
public class fStart : MonoBehaviour
{
    public void StartGame()
    {
        SceneManager.LoadScene("Introduced");
    }
    public void Startmanyou()
    {
        SceneManager.LoadScene("forestt");
    }
    public void StartFireD()
    {
        SceneManager.LoadScene("FireDrill");
    }
}
```

（8）将 fStart.cs 代码拖动到空物体 GameObject 上，单击 xun 按钮，进入 xun 的 Inspector 面板，新增 On Click 事件，将 GameObject 拖动到 On Click()选项中。设置 On Click()如图 2.16 所示。

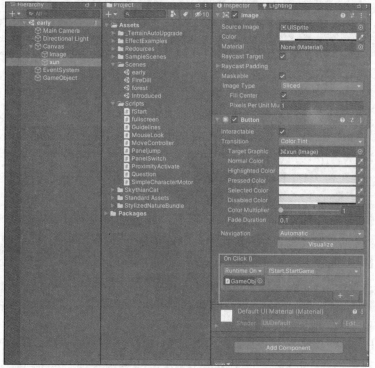

图 2.16 设置 On Click()

（9）进入 Introduced 场景新建一个 Canvas，在 Hierarchy 面板下执行 Create→UI→

Canvas 命令，新建一个 Canvas。选中 Canvas 选项后，右击，在弹出的快捷菜单中执行 UI→Panel 命令，在 Canvas 下新建一个 Panel，选中 Panel 选项后，在出现的名称文本框中修改其中的内容为 PanelS。在同一面板下选中 Canvas 选项后右击，在弹出的快捷菜单中执行 UI→Image 命令，完成后再次选中 Canvas 选项后，右击，在弹出的快捷菜单中执行 UI→Button 命令，选中 Button 选项后，在出现的名称文本框中修改其中的内容为 xun，完成后单击 Button 选项前的"三角形"按钮，完成后选中其下拉菜单中的 Text 选项，并按下键盘上的 Backspace 键。在 Hierarchy 面板下执行 Create→Create Empty→GameObject 命令，修改各组件的 Inspector 面板的数据，面板数据 1 如图 2.17 所示。

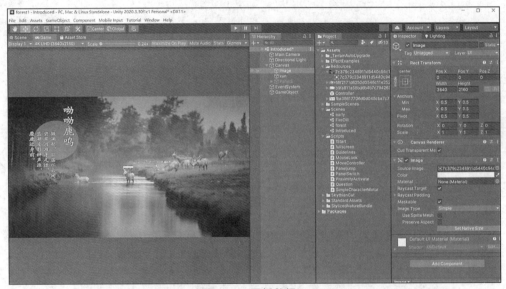

图 2.17 面板数据 1

（10）在 PanelS 下新建一个 Panel，右击 PanelS，在弹出的快捷菜单中执行 UI→Panel 命令。在 Panel 下新建一个 Image 和四个 Button(Start、About、FireDrill 和 Exit，删除 Text 子组件)，选中 Panel 选项后，右击，在弹出的快捷菜单中执行 UI→Image 命令，新建一个 Image，完成后再次选中 Panel 选项，右击，在弹出的快捷菜单中执行 UI→Button 命令，并且重复操作四次，新建四个 Button，并选中相应的 Button 选项，在出现的名称文本框中分别修改其中的内容为 Start、About、FireDrill 和 Exit，完成后单击 Start→Text 命令前的"三角形"按钮，完成后选中其下拉菜单中的 Text 选项，并按下键盘上的 Backspace 键。完成后单击 About→Text 命令前的"三角形"按钮，完成后选中其下拉菜单中的 Text 选项，并按下键盘上的 Backspace 键，完成后单击 FireDrill→Text 命令前的"三角形"按钮，完成后选中其下拉菜单中的 Text 选项，并按下键盘上的 Backspace 键。完成后单击 Exit 选项前的"三角形"按钮，完成后选中其下拉菜单中的 Text 选项，并按下键盘上的 Backspace 键。修改组件的 Inspector 面板的数据，面板数据 2 如图 2.18 所示。

（11）在 Panel 下新建一个 Panel，右击，在弹出的快捷菜单中执行 UI→Panel 命令，选中新建的 Panel 选项，在出现的名称文本框中修改其中的内容为 panelt。选中 panelt 选项后右击，在弹出的快捷菜单中执行 UI→Image 命令，新建一个 Image，完成后再次选中 panelt 选项，右击，在弹出的快捷菜单中执行 UI→Button 命令，并且重复操作四次，新建四

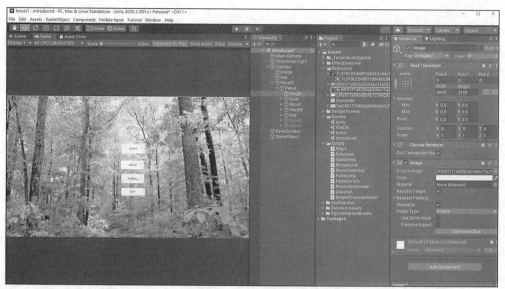

图 2.18 面板数据 2

个 Button,并选中相应的 Button 选项,在出现的名称文本框中修改其中的内容分别为 yuanyin、yiyi、tuce 和 back,完成后单击 yuanyin→Text 命令前的"三角形"按钮,完成后选中其下拉菜单中的 Text 选项,并按下键盘上的 Backspace 键。完成后单击 yiyi→Text 命令前的"三角形"按钮,完成后选中其下拉菜单中的 Text 选项,并按下键盘上的 Backspace 键。完成后单击 tuce→Text 命令前的"三角形"按钮,完成后选中其下拉菜单中的 Text 选项,并按下键盘上的 Backspace 键。最后单击 back 选项前的"三角形"按钮,完成后选中其下拉菜单中的 Text 选项,并按下键盘上的 Backspace 键。修改各组件的 Inspector 面板的数据,Inspector 面板的数据,如图 2.19 所示,Inspector 面板的数据 2 如图 2.20 所示,Inspector 面板的数据 3 如图 2.21 所示。

图 2.19 Inspector 面板的数据 1

图 2.20 Inspector 面板的数据 2

图 2.21 Inspector 面板的数据 3

（12）在 panelt 下新建一个 Panel，右击，在弹出的快捷菜单中执行 UI→Panel 命令，选中新建的 Panel 选项，在出现的名称文本框中修改其中的内容为 panelyin。选中 panelyin 选项后右击，在弹出的快捷菜单中执行 UI→Image 命令，新建一个 Image，完成后再次选中 panelyin 选项，右击，在弹出的快捷菜单中执行 UI→Button 命令，新建一个 Button，选中 Button 选项，在出现的名称文本框中修改其中的内容为 back，完成后单击 back 选项前的"三角形"按钮，完成后选中其下拉菜单中的 Text 选项，并按下键盘上的 Backspace 键，修改各组件的 Inspector 面板的数据，panelyin 组件的 Inspector 面板的数据 4 如图 2.22 所示，back 组件的 Inspector 面板的数据 5 如图 2.23 所示。

图 2.22 panelyin 组件的 Inspector 面板的数据 4

图 2.23 back 组件的 Inspector 面板的数据 5

（13）在 panelt 下新建一个 Panel，右击，在弹出的快捷菜单中执行 UI→Panel 命令，选中新建的 Panel 选项，在出现的名称文本框中修改其中的内容为 panelyi。选中 panelyi 选项后右击，在弹出的快捷菜单中执行 UI→Image 命令新建一个 Image，完成后再次选中 panelyi 选项，右击，在弹出的快捷菜单中执行 UI→Button 命令，新建一个 Button，选中 Button 选项，在出现的名称文本框中修改其中的内容为 back，完成后单击 back 选项前的"三角形"按钮，完成后选中其下拉菜单中的 Text 选项，并按下键盘上的 Backspace 键，修改各组件的 Inspector 面板的数据。panelyi 组件的 Inspector 面板的数据 6 如图 2.24 所示，back 组件的 Inspector 面板的数据 7 如图 2.25 所示。

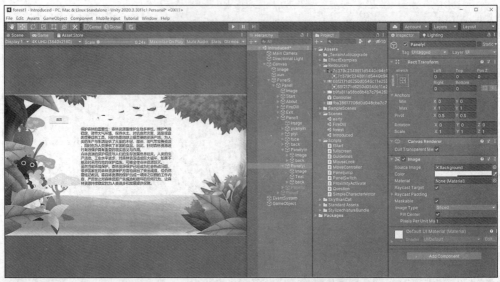

图 2.24 panelyi 组件的 Inspector 面板的数据 6

图 2.25 back 组件的 Inspector 面板的数据 7

（14）在 panelt 下新建一个 Panel，右击，在弹出的快捷菜单中执行 UI→Panel 命令，选中新建的 Panel 选项，在出现的名称文本框中修改其中的内容为 panelf。选中 panelf 选项后右击，在弹出的快捷菜单中执行 UI→Image 命令新建一个 Image，完成后再次选中 panelf 选项后右击，在弹出的快捷菜单中执行 UI→Button 命令，新建一个 Button，选中 Button 选项，在出现的名称文本框中修改其中的内容为 back，完成后单击 back 选项前的"三角形"按钮，选中其下拉菜单中的 Text 选项，并按下键盘上的 Backspace 键，修改 panelf 组件的 Inspector 面板的数据。panelf 组件的 Inspector 面板的数据 8 如图 2.26 所示。

（15）编写代码 Paneljump.cs 和 PanelSwitch.cs 用来控制 Introduced 场景内的 Panel，代码通过计算 i 值来开启（隐藏）Panel。

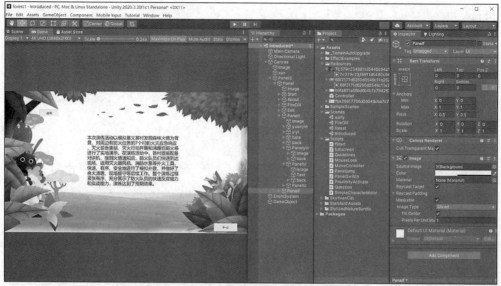

图 2.26 panelf 组件的 Inspector 面板的数据 8

```
using System.Collections;
using System.Collections.Generic;
using UnityEngine;
public class Paneljump : MonoBehaviour
{
    public GameObject panel;
    public GameObject panelt;
    public GameObject panelf;
    int i = 0;
    public void Onclickbutton()
    {
        i++;
        if (i % 2 != 0)
            panel.SetActive(false);
        else
            panel.SetActive(true);
    }
    public void Onclickbuttont()
    {
        i++;
        if (i % 2 != 0)
            panelt.SetActive(true);
        else
            panelt.SetActive(false);
    }
    public void Onclickbuttonf()
    {
        i++;
        if (i % 2 != 0)
            panelf.SetActive(true);
```

```
        else
            panelf.SetActive(false);
    }
}
using System.Collections;
using System.Collections.Generic;
using UnityEngine;
public class PanelSwitch : MonoBehaviour
{
    public GameObject panelyin;
    public GameObject panelyi;
    public GameObject paneltc;
    int i = 0;
    public void Onclickbuttonyin()
    {
        i++;
        if (i % 2 != 0)
            panelyin.SetActive(true);
        else
            panelyin.SetActive(false);
    }
    public void Onclickbuttonyi()
    {
        i++;
        if (i% 2 != 0)
            panelyi.SetActive(true);
        else
            panelyi.SetActive(false);
    }
    public void Onclickbuttontc()
    {
        i++;
        if (i % 2 != 0)
            paneltc.SetActive(true);
        else
            paneltc.SetActive(false);
    }
}
```

（16）在 Hierarchy 面板下执行 Create→Create Empty 命令，新建一个空物体 GameObject，并将代码 fStart.cs、Paneljump.cs 和 PanelSwitch.cs 拖动到 GameObject 的 Inspector 面板上，在 xun 的 Inspector 面板上，设置 Inspector 面板组件，如图 2.27 所示。

（17）进入 Button 的 Inspector 面板，分别为按钮设置 On Click()事件，各按钮设置 On Click()事件面板如图 2.28 ～图 2.41 所示。

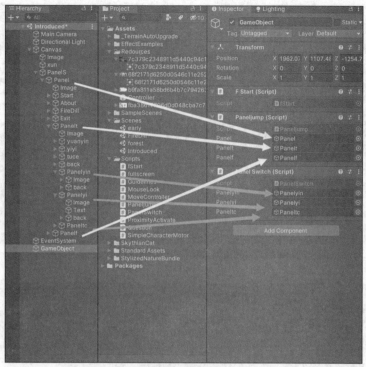

图 2.27　Inspector 面板组件设置

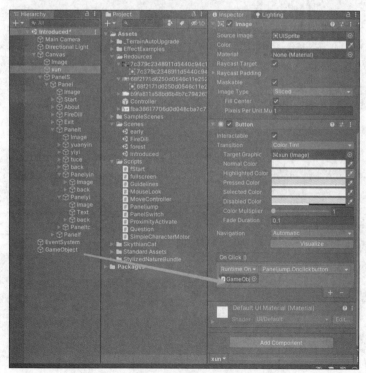

图 2.28　设置 xun 按钮的 On Click() 面板

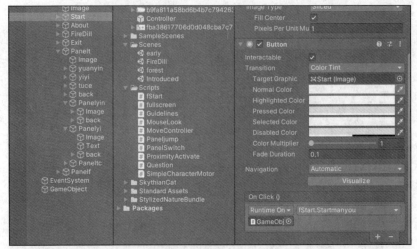

图 2.29　设置 Start 按钮的 On Click( )面板

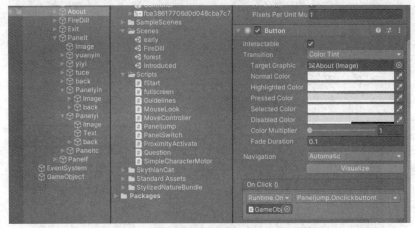

图 2.30　设置 About 按钮的 On Click( )面板

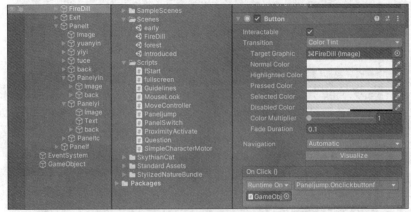

图 2.31　设置 FireDill 按钮的 On Click( )面板

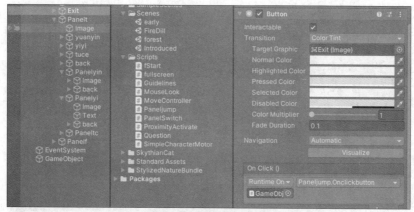

图 2.32 设置 Exit 按钮的 On Click()面板

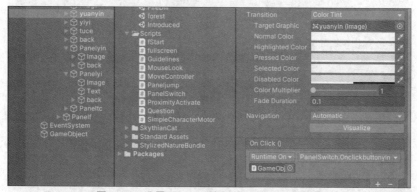

图 2.33 设置 yuanyin 按钮的 On Click()面板

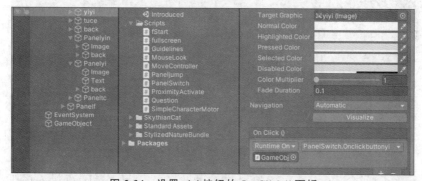

图 2.34 设置 yiyi 按钮的 On Click()面板

图 2.35 设置 tuce 按钮的 On Click()面板

图 2.36　设置 back 按钮的 On Click()面板 1

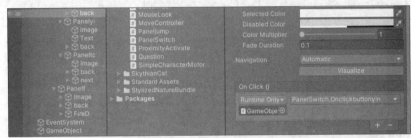

图 2.37　设置 back 按钮的 On Click()面板 2

图 2.38　设置 back 按钮的 On Click()面板 3

图 2.39　设置 back 按钮的 On Click()面板 4

图 2.40　设置 back 按钮的 On Click()面板 5

图 2.41　设置 FireD 按钮的 On Click()面板

（18）确认 Introduced 场景的 Hierarchy 面板一致，Hierarchy 面板如图 2.42 所示。

图 2.42　Hierarchy 面板

（19）在步骤（3）中导入过一些资源包，现在找到这个场景并进入，场景如图 2.43 所示。

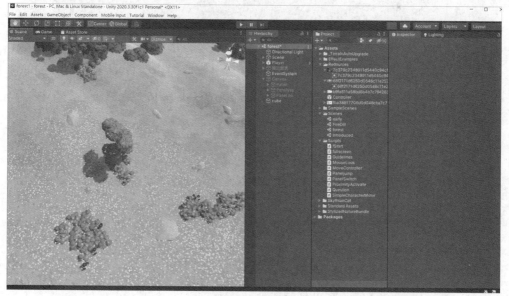

图 2.43　场景

（20）按 Ctrl+Shift+S 组合键另存场景。

（21）双击 forest 进入场景 forest，不需要房屋和树木，移除操作为在 Hierarchy 面板搜索框内搜索 building，选中出现的所有组件，按 Delete 键即可删除房屋，如图 2.44 所示。

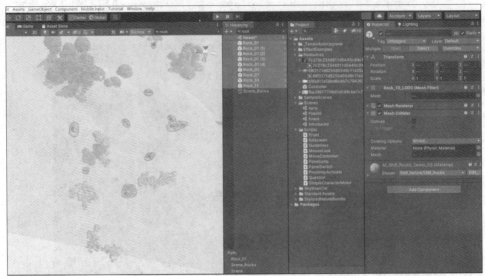

图 2.44 删除房屋

（22）单击 Terrain 按钮，当界面和图 2.45 相同时按住 Shift 键＋鼠标左键并在有树木的地方滑动即可清除场景中的树木，清除树木如图 2.45 所示。

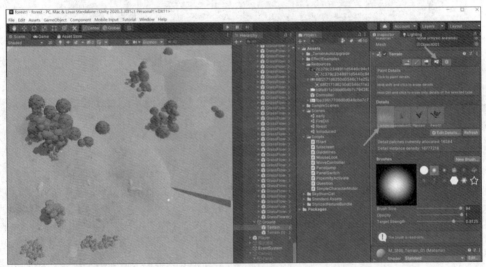

图 2.45 清除树木

（23）修改场景，修改道路（利用建模软件），墙壁缺口可用复制的 wall 组件填补，增加树木花草，场景示例如图 2.46 所示。

（24）在 Terrain 上绘制树木，在 Hierarchy 视图中选择 Terrain 地形，单击 Inspector 视图中树木图标按钮，通过更改 Settings 选项来设置绘制树时画笔的大小（Brush Size）、树的密度（Tree Density）、树的高度（Tree Height），通过画笔在地形上绘制树木，如图 2.47 所示。

（25）在 Terrain 上绘制花草，在 Hierarchy 视图中选择 Terrain 地形，单击 Inspector 视图中花草图标按钮，通过更改 Settings 选项来设置绘制花草时画笔的大小（Brush Size）、花

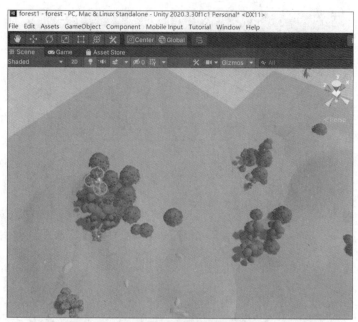

图 2.46　场景示例

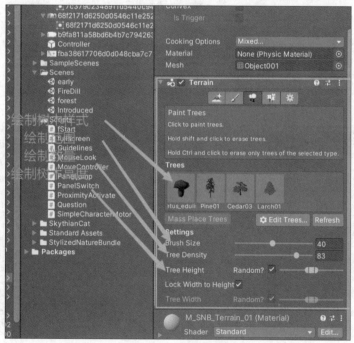

图 2.47　绘制树木

草的密度(Tree Density)、花草的高度(Tree Height),通过画笔在地形上绘制花草,如图 2.48 所示。

（26）为避免穿模,需要将所有名称带有 wall、bench、Stone 和 Lamp 的组件都添加 Collider,需要区分的是,wall 和 bench 添加的都是 Box Collider,而 Stone 添加的为 Sphere

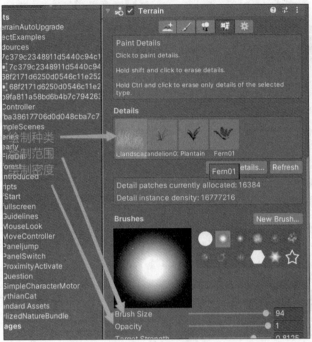

图 2.48　绘制花草

Colider，Lamp 添加的为 Capsule Collider。在右侧 Inspector 面板内同时选中 Scene_
Particies、Scene_Rocks、Scene_Trees、Scene_Vegetation、Scene_Grass 组件，单击 Inspector
面板下方的 Add Component 按钮，在搜索框输入 Box Collider 并选择 Box Collider 选项，添
加 Collider，如图 2.49 所示。

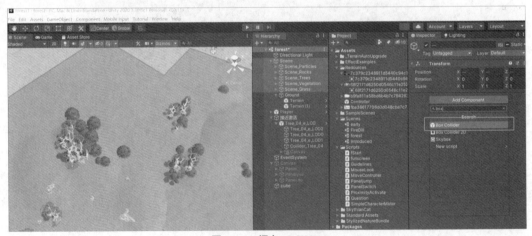

图 2.49　添加 Collider

（27）观察场景（见图 2.50），能够看到道路将地形分为很多板块，可以在每个板块里放
置下载好的树木模型。

（28）放置模型到场景，找到模型文件（根据需要添加多个模型），拖动到 Hierarchy 面
板上，并修改 Inspector 面板的数据使模型位于每个板块内且整个场景看起来比较和谐。

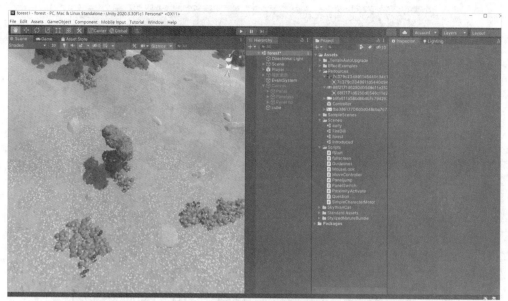

图 2.50 场景

Inspector 面板的数据如图 2.51 所示。

图 2.51 Inspector 面板的数据

（29）使用接近激活功能，通过控制 Canvas Group 组件的 Alpha 值来实现显示或隐藏，Alpha 为 1 显示，为 0 隐藏。

（30）在 Project 面板中搜索 Player 和 WorldSpaceLabel 预制体，并拖动到场景中，设置 Inspector 面板，Distance 数值是面板显示所需的距离。Inspector 面板如图 2.52 所示。

（31）ProximityActivate.cs 通过计算 Player 和 WorldSpaceLabel 的距离和角度来控制 Alpha 值的变化实现面板的显示或隐藏。

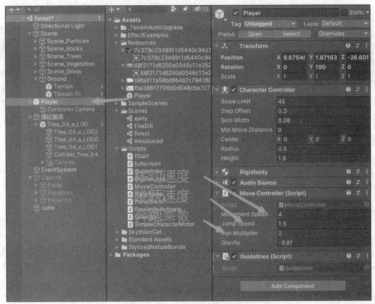

图 2.52　Inspector 面板

```
using System.Collections;
using System.Collections.Generic;
using UnityEngine;
public class ProximityActivate : MonoBehaviour
{
    public Transform distanceActivator, lookAtActivator;
    public float distance;
    public Transform activator;
    public bool activeState = false;
    public CanvasGroup target;
    public bool lookAtCamera = true;
    public bool enableInfoPanel = false;
    public GameObject infoIcon;

    float alpha;
    public CanvasGroup infoPanel;
    Quaternion originRotation, targetRotation;

    void Start()
    {
        originRotation = transform.rotation;
        alpha = activeState ? 1 : -1;
        if (activator == null) activator = Camera.main.transform;
        infoIcon.SetActive(infoPanel != null);
    }

    bool IsTargetNear()
    {
        var distanceDelta = distanceActivator.position - activator.position;
```

```
            if (distanceDelta.sqrMagnitude < distance * distance)
            {
                if (lookAtActivator != null)
                {
                    var lookAtActivatorDelta = lookAtActivator.position - activator.
position;
                    if (Vector3.Dot(activator.forward, lookAtActivatorDelta.normalized)
> 0.95f)
                        return true;
                }
                var lookAtDelta = target.transform.position - activator.position;
                if (Vector3.Dot(activator.forward, lookAtDelta.normalized) > 0.95f)
                    return true;
            }
            return false;
        }

    void Update()
    {
        if (!activeState)
        {
            if (IsTargetNear())
            {
                alpha = 1;
                activeState = true;
            }
        }
        else
        {
            if (!IsTargetNear())
            {
                alpha = -1;
                activeState = false;
                enableInfoPanel = false;
            }
        }
        target.alpha = Mathf.Clamp01(target.alpha + alpha * Time.deltaTime);
        if (infoPanel != null)
        {
            if (Input.GetKeyDown(KeyCode.Space))
                enableInfoPanel = !enableInfoPanel;
            infoPanel.alpha = Mathf.Lerp(infoPanel.alpha, Mathf.Clamp01
(enableInfoPanel ? alpha : 0), Time.deltaTime * 5);
        }
        if (lookAtCamera)
        {
            if (activeState)
                targetRotation = Quaternion.LookRotation(activator.position -
transform.position);
            else
```

```
                    targetRotation = originRotation;
            transform.rotation = Quaternion.Slerp(transform.rotation,
targetRotation, Time.deltaTime);
        }
    }
}
```

（32）SimpleCharacterMotor.cs 设置 Player 参数。

```
using System;
using System.Collections;
using System.Collections.Generic;
using UnityEngine;

[RequireComponent(typeof(CharacterController))]
public class SimpleCharacterMotor : MonoBehaviour
{
    public CursorLockMode cursorLockMode = CursorLockMode.Locked;
    public bool cursorVisible = false;
    [Header("Movement")]
    public float walkSpeed = 2;
    public float runSpeed = 4;
    public float gravity = 9.8f;
    [Space]
    [Header("Look")]
    public Transform cameraPivot;
    public float lookSpeed = 28;
    public bool invertY = true;
    [Space]
    [Header("Smoothing")]
    public float movementAcceleration = 1;

    CharacterController controller;
    Vector3 movement, finalMovement;
    float speed;
    Quaternion targetRotation, targetPivotRotation;

    void Awake()
    {
        controller = GetComponent<CharacterController>();
        Cursor.lockState = cursorLockMode;
        Cursor.visible = cursorVisible;
        targetRotation = targetPivotRotation = Quaternion.identity;
    }

    void Update()
    {
        UpdateTranslation();
```

```
        UpdateLookRotation();
    }

    void UpdateLookRotation()
    {
        var x = Input.GetAxis("Mouse Y");
        var y = Input.GetAxis("Mouse X");

x *= invertY ? -1 : 1;
        targetRotation = transform.localRotation * Quaternion.AngleAxis(y *
lookSpeed * Time.deltaTime, Vector3.up);
        targetPivotRotation = cameraPivot.localRotation * Quaternion.AngleAxis(x
* lookSpeed * Time.deltaTime, Vector3.right);

        transform.localRotation = targetRotation;
        cameraPivot.localRotation = targetPivotRotation;
    }

    void UpdateTranslation()
    {
        if (controller.isGrounded)
        {
            var x = Input.GetAxis("Horizontal");
            var z = Input.GetAxis("Vertical");
            var run = Input.GetKey(KeyCode.LeftShift);

            var translation = new Vector3(x, 0, z);
            speed = run ? runSpeed : walkSpeed;
            movement = transform.TransformDirection(translation * speed);
        }
        else
        {
            movement.y -= gravity * Time.deltaTime;
        }
        finalMovement = Vector3.Lerp(finalMovement, movement, Time.deltaTime *
movementAcceleration);
        controller.Move(finalMovement * Time.deltaTime);
    }
}
```

（33）因为接近激活功能一般情况是隐藏的，场景过大很难显示出来，所以需要一些指示牌作引导，从资源里找到指示牌模型（复制多个）拖动到场景中。指示牌模型如图 2.53所示。

（34）forest 场景添加接近激活功能，注意每一个 WorldSpaceLabel 最好改个名称，方便后面进行修改。接近激活功能如图 2.54 所示。

（35）制作 TexMeshPro，先安装微软雅黑字体，执行"开始"→"设置"→"字体设置"命令，将下载好的微软雅黑字体拖动到"添加字体"区域内，再准备一个包含场景内所有文字的 TXT 文本。TXT 文本如图 2.55 所示。

图 2.53　指示牌模型

图 2.54　接近激活功能

图 2.55　TXT 文本

（36）执行 Windows→TextMeshPro→Font Asset Creator 命令，弹出 Font Asset Creator 窗口，将 Project 面板下的"文字"拖动到 Character File 上，单击 Generate Font Atlas 按钮等待完成，完成后按 Ctrl＋S 组合键保存，命名为 MSYH SDF。设置字体如图 2.56 所示。

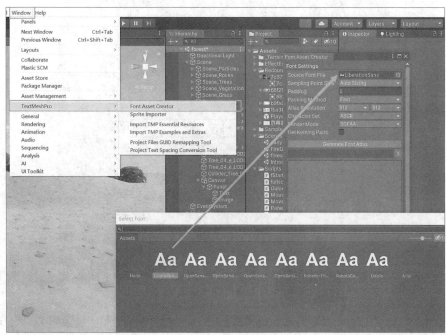

图 2.56　设置字体

（37）修改 WorldSpaceLable 子物体的 Inspector 面板，Inspector 面板如图 2.57 所示。

图 2.57　Inspector 面板

（38）处理细节，将樱花的子物体 Canvas 的位置调整一下，使其能够和相邻的指示牌面平行，操作完成后运行一下。运行场景如图 2.58 所示。

图 2.58　运行场景

（39）设置"问答"界面，在 Hierarchy 面板中，执行 Create→UI→Panel 命令，在 Panel 下新建一个 Image 和四个 Button。右击 Panel，在弹出的快捷菜单中执行 UI→Image 命令，新建一个 Image，再右击 Panel，在弹出的快捷菜单中执行 UI→Button 命令，新建四个 Button，并在 Button 的 Inspector 面板下分别修改名称为 ButtonT、Buttonf、Buttonf 和 Buttonf。设置"问答"界面如图 2.59 所示。

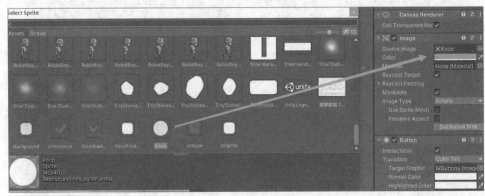

图 2.59　设置问答界面

（40）右击 Panel，在弹出的快捷菜单中选择 Copy 选项，接着在 Hierarchy 面板上的空白处右击，在弹出的快捷菜单中选择 Paste 选项，将 Panel 复制四个，并修改 Panel 下的五个 Image 图像，如图 2.60 所示。

（41）在 Hierarchy 面板下右击，在弹出的快捷菜单中执行 Canvas→UI→Panel 命令，完

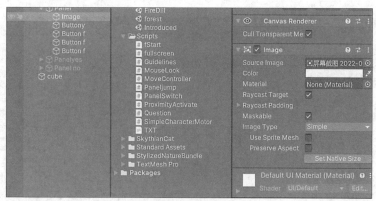

图 2.60 修改

成后在 Panel 的 Inspector 面板下修改其名称为 PanelYes。在 PanelYes 下新建一个 Image 和一个 Text(用作倒计时显示),右击 PanelYes,在弹出的快捷菜单中执行 UI→Image 命令,新建一个 Image,再右击 PanelYes,在弹出的快捷菜单中执行 UI→Text 命令,新建 Text。示例场景 1 如图 2.61 所示。

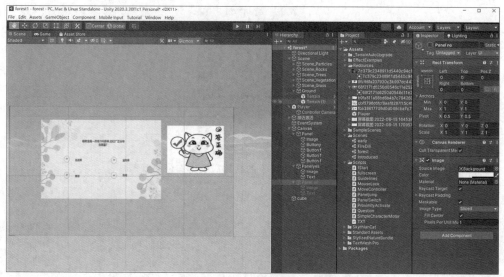

图 2.61 示例场景 1

(42)选中 Canvas 面板下的 Panel 选项,单击 Panel 选项重命名为 PanelNo,在 PanelNo 下新建一个 Image。在 Hierarchy 面板下右击,在弹出的快捷菜单中执行 Canvas→UI→ Panel 命令,完成后在 Panel 的 Inspector 面板下修改其名称为 PanelNo。在 PanelNo 下新建一个 Image,右击 PanelNo,在弹出的快捷菜单中执行 UI→Image 命令,新建一个 Image,示例场景 2 如图 2.62 所示。

(43)示例场景 2 的 Canvas 组件下的物体级别排布最终状态如图 2.63 所示。

(44)Questions.cs 利用 OnTriggerEnter()触发检测显示 Panel,当选择正确选项后利用 StartCoroutine(Time())方法启动协程调用 IEnumerator 接口开始计时,时间等于 0 时关闭所有 Panel。

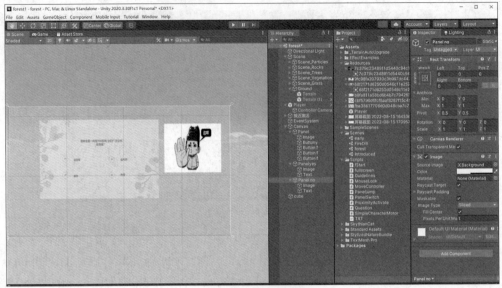

图 2.62　示例场景 2

图 2.63　Canvas 组件下的物体级别排布最终状态

```
using System.Collections;
using System.Collections.Generic;
using UnityEngine;
using UnityEngine.UI;
public class Question : MonoBehaviour
{
    public GameObject Introduce;
    public GameObject Yes;
    public GameObject No;

    public GameObject text;                              //倒计时显示
    public int TotalTime = 5;
    IEnumerator Time()
    {
        while (TotalTime > 0)
        {
            text.GetComponent<Text>().text = TotalTime.ToString();
            yield return new WaitForSeconds(1);
```

```
            TotalTime--;
        }
    }
    private void OnTriggerEnter(Collider other)
    {
        if (other.gameObject.tag == "Player")
        {
            Introduce.SetActive(true);
        }
    }
    public void TrueClick()
    {
        Yes.SetActive(true);
        No.SetActive(false);
        StartCoroutine(Time());
    }
    public void FalseClick()
    {
        Yes.SetActive(false);
        No.SetActive(true);
    }
    void Update()
    {
        if (TotalTime == 0)
        {
            Introduce.SetActive(false);
            Yes.SetActive(false);
            StopCoroutine(Time());
            TotalTime = 5;
        }
    }
}
```

（45）设置问答，新建一个空物体（更名为"问答"），在 Hierarchy 面板下执行 Create→Create Empty 命令，新建一个空物体 GameObject，并在 Button 的 Inspector 面板下修改名称为"问答"，右击，在弹出的快捷菜单中选择 Create Empty 选项，新建一个空物体 GameObject，拖动 Question.cs 至"问答"的 Inspector 面板上，修改 Inspector 面板如图 2.64 所示。

（46）修改 GameObject 名称为 Buttony，右击 Buttony 按钮，在弹出的快捷菜单中选择 Copy 选项，在 Hierarchy 面板的空白处右击，在弹出的快捷菜单中选择 Paste 选项，复制一个 Buttony 按钮，并修改其名称为 Button f。完成后，右击 Button f 按钮，在弹出的快捷菜单中选择 Copy 选项，在 Hierarchy 面板的空白处右击，在弹出的快捷菜单中选择 Paste 选项，再复制两个 Button f 按钮，按钮复制如图 2.65 所示。

（47）在 Button f 的 Inspector 面板中单击＋按钮新增 On Click()事件，将 GameObject 拖动到 On Click()中，设置 On Click()如图 2.66 所示。

（48）Guidelines.cs 利用 OnGUI 显示图片。

图 2.64　修改 Inspector 面板

图 2.65　按钮复制

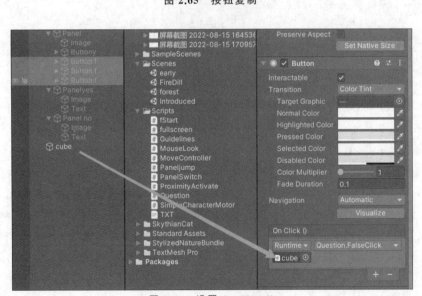

图 2.66　设置 On Click( )

```csharp
using System.Collections;
using System.Collections.Generic;
using UnityEngine;
using UnityEngine.SceneManagement;
public class Guidelines : MonoBehaviour
{
    public bool WindowShow = false;
    public Texture img;
    public GUISkin[] gskin;                              //GUISkin资源引用
    void OnGUI()
    {
        GUIStyle fontStyle = new GUIStyle();
        fontStyle.normal.background = null;              //设置背景填充
        fontStyle.normal.textColor = new Color(1, 0, 0); //设置字体颜色
        fontStyle.fontSize = 10;                         //字体大小
        if (WindowShow)
        {
            GUI.Window(0, new Rect(0, 0, 1920, 1080), MyWindow, " ", fontStyle);

        }
    }
    void MyWindow(int WindowID)
    {
        GUIStyle fontStyle = new GUIStyle();
        fontStyle.normal.background = null;              //设置背景填充
        fontStyle.normal.textColor = new Color(0, 0, 0); //设置字体颜色
        fontStyle.fontSize = 20;                         //字体大小
        GUI.Label(new Rect(1220, 0, 700,700), img);      //对话框显示图片
    }
    void Update()
    {
        if (Input.GetKeyDown(KeyCode.T))
        {
            Debug.Log("show");
            if (WindowShow)
                WindowShow = false;
            else
                WindowShow = true;
        }
    }
}
```

（49）将 Guidelines.cs 和 Return.cs 拖动到 Player 的 Inspector 面板上。示例如图 2.67 所示。

以上即为 forest 虚拟展馆案例的设计开发的全过程，在项目制作过程中根据书中步骤即可完成完整项目制作，熟练后可尝试将本案例中相关代码应用到个人原创项目中。

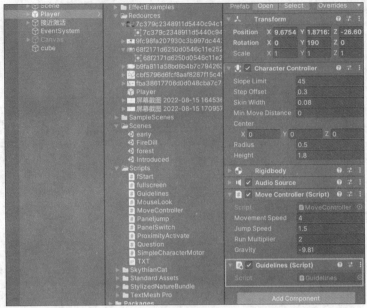

图 2.67　示例

2.4　本章小结

　　本章主要针对人机交互的输入方式在 Unity 3D 中如何实现进行介绍和讲解，通过本章的学习，学生能够掌握基本的输入和交互方式，掌握虚拟场景中的物体如何与键盘和鼠标进行交互，并且能够结合相应的案例，进行虚拟展馆案例的开发和学习。

2.5　课后作业

　　(1) 根据官网脚本知识学习，掌握 Input 输入控制的基本方法，能够熟练地进行物体的平移、旋转、放大、缩小等操作。

　　(2) 实现太阳、月亮、地球的自转和公转，搭建虚拟交互场景，代码运行无误。

　　(3) 场景中的物体进行交互实现的方法有几种？

　　(4) 实现虚拟博物馆的创建，有完整的交互 UI，有完整的项目规划。

第 3 章

人机交互与虚拟环境

在《虚拟现实技术及其应用》一书中,阐述了虚拟现实的特征是"沉浸""交互""想象"三者相互影响,缺一不可。人机交互、人工智能的发展以及计算机运行性能和计算机网络通信的迅速发展,让虚拟现实技术的应用领域有了进一步的突破,如医疗、军事模拟训练、互动娱乐等领域。那么人机交互技术的运用,以及如何将人机交互技术适应虚拟环境的发展这一问题就日渐突出。根据日常应用,传统的输入输出和人的感知方式要保留,虚拟环境中的人和物如何来进行真实有效的模拟也成了人机交互技术在虚拟环境研究领域的重点。在本章中,结合 Unity 3D 进行碰撞检测的学习、视觉交互的学习、声音的可视化学习以及虚拟环境中简单的人工智能的应用,分别从视觉、听觉、虚拟触觉等角度进行人机交互的应用。

教学的重点和难点
- 声音交互的实现;
- 触发检测的函数、应用方法以及和屏幕坐标的转换;
- 人工智能行为在虚拟环境中的交互应用。

学习指导建议
- 重点掌握视觉、听觉、摄像机交互等在虚拟环境中的运用,在对碰撞检测认识的基础上,会在不同的虚拟环境中进行几种碰撞方式的选择和运用。
- 基于导航网格和群组行为等形成虚拟场景中基本的人工智能的操作,进行功能的模块化学习和扩展训练。
- 强化练习碰撞检测、触发检测、射线检测的使用,可进行各种检测方式在虚拟环境中的应用来进行练习,以达到熟练使用的程度。

3.1 视觉交互

人的感知即通过人体器官和组织进行人与外部世界的信息交流和传递认知是人们在进行日常活动时发生于头脑中的事情,它涉及思维、记忆、学习、幻想、决策、看、读、写和交谈

视频讲解

等,人的感知是认知的基础,认知是将感知获取的信息综合运用,认知分为经验认知和思维认知,认知过程是相互联系的,单纯的一个认知过程是非常少见的。

视觉:在黑暗而空气清新的夜晚,人们可以看到30英里(48000千米)外的一只烛光(1英里≈1.6千米)。

听觉:在安静的环境中,人能够听到20英尺处的手表滴答声(1英尺=0.3米)。

嗅觉:人能嗅到1升空气中散布的1/1000000毫克的人造麝香的气味。

味觉:人可尝出9升水中放一茶匙糖的甜味。

触觉:人可感到蜂蜜翅膀距脸颊1厘米处落下。

视觉是人与周围世界发生联系的最重要的感觉通道,外界80%的信息都是通过视觉得到的,因此视觉显示是人机交互系统中用得最多的人机交互界面。视觉感知可以分为两个阶段:受到外部刺激接收信息阶段和解释信息阶段。视觉感知特点:一方面,眼睛和视觉系统的物理特性决定了人类无法看到某些事物;另一方面,视觉系统进行解释处理信息时可对不完全信息发挥一定的想象力。进行人机交互设计需要清楚这两个阶段及其影响,了解人类真正能够看到的信息。视觉活动始于光,眼睛接收光线,转换为电信号。光能够被物体反射,并在眼睛的后部成像。眼睛的神经末梢将它转换为电信号,传递给大脑。眼球结构如图3.1所示。

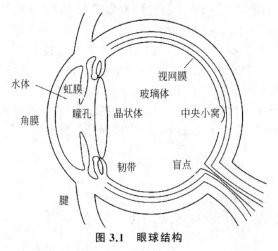

图 3.1　眼球结构

视网膜由视细胞组成,视细胞分为视干细胞和视锥细胞两种,它们是接收信息的主要细胞。视敏度指人眼对细节的感知能力,通常用被辨别物体最小间距所对应的视角的倒数表示。通常将能分辨出视角1′的视敏度定为1.0。一般人能够在2m的距离分辨2~20mm的间距,为设计人机交互作品时提供了依据。利用视觉影像中的线索,如覆盖关系(被覆盖的物体相对较远)、大小比例(一般来讲,较大的物体距离较近)、对物体的熟悉度(对非常熟悉物体,人们对物体的大小在头脑中事先有一个期望和预测,因此在判断物体距离时很容易和他看到的物体的大小联系起来)。随着亮度的增加,闪烁感也会增强。在高亮度时,光线变化低于50Hz,视觉系统就会感到闪烁。在设计交互界面时,要考虑使用者对亮度和闪烁的感知,尽量避免使人疲劳的因素,创造一个舒适的交互环境。物体距离与物体大小的联系如图3.2所示,物体与观察者距离不同情况下的视角变化如图3.3所示,视干细胞与视锥细胞的区别如表3.1所示。

图 3.2　物体距离与物体大小的联系

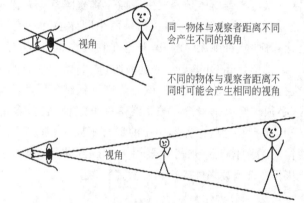

图 3.3　物体与观察者距离不同情况下的视角变化

表 3.1　视干细胞与视锥细胞的区别

视 干 细 胞	视 锥 细 胞
在低水平照明时(如夜间)起作用	在高水平照明时(如白天)起作用
区别黑白	区别彩色
对光谱中绿色部分最敏感,在远离视网膜中心处最多	对光谱中黄色部分最敏感,在视网膜中部最多
增强亮度可以提高视敏度	主要在识别空间位置和要求敏锐地看物体时起作用

　　人能感觉到不同的颜色,这是眼睛接收不同波长的光的结果。颜色通常用三种属性表示:色度、强度和饱和度。色度是由光的波长决定的,正常的眼睛可感受到的光谱波长为 400～700nm。图片亮度变化如图 3.4 所示。

图 3.4　图片亮度变化

视频讲解

3.2 基于环境交互

3.2.1 Unity 3D 碰撞检测交互

在现实世界中，两个物体不可能共享同一个空间区域。在虚拟环境的人机交互过程中，为了提升用户交互过程中的沉浸感，同样需要在虚拟场景中实现两个不可穿透物体间互不共享同一空间区域的体验。在本书中，若未对虚拟场景中的虚拟物体添加碰撞检测，虚拟物体之间在相互碰撞后会出现"穿越"现象，这将会带来极差的用户体验。

如果想要实现碰撞效果必须为交互对象添加刚体和碰撞器，其中刚体可以让物体在物理影响下运动，碰撞器可以检测到物体是否发生碰撞。碰撞体是一类物理组件，只有碰撞体与刚体一起添加到交互对象上才能触发碰撞。如果两个刚体相互碰撞，除非两个对象有碰撞体时物理引擎才会计算碰撞，否则无法触发，并且在物理模拟中，没有碰撞体的刚体会彼此相互穿过。当主角与其他 GameObject 发生碰撞时，需要做一些特殊的事情，例如，子弹击中敌人，敌人就得执行一系列的动作，这时，就需要检测到碰撞现象，即碰撞检测。为了完整地了解这两种方式，必须理解以下概念：碰撞器是一群组件，它包含了很多种类，如 Box Collider 和 Capsule Collider 等，这些碰撞器应用的场合不同，但都必须添加到 GameObject 上。在需要进行碰撞检测的物体上添加触发器（Is Trigger）属性，即可进行触发检测。在 Unity 3D 中，主要有以下接口函数来处理这两种碰撞检测。

触发信息检测如下。

MonoBehaviour.OnTriggerEnter(Collider other)：当进入触发器。

MonoBehaviour.OnTriggerExit(Collider other)：当退出触发器。

MonoBehaviour.OnTriggerStay(Collider other)：当逗留触发器。

碰撞信息检测如下。

MonoBehaviour.OnCollisionEnter(Collision collisionInfo)：当进入碰撞器。

MonoBehaviour.OnCollisionExit(Collision collisionInfo)：当退出碰撞器。

MonoBehaviour.OnCollisionStay(Collision collisionInfo)：当停留在碰撞器。

以上六个接口都是 MonoBehaviour 的函数，由于新建的脚本都继承 MonoBehaviour 这个类，所有的脚本里面可以复写以上六个函数。

- **碰撞检测**

仅当两个物体都带有碰撞器（Collider），并且其中一个物体还必须带有 Rigidbody 刚体属性时，才可以进行有效的碰撞检测。在 Unity 3D 引擎中，能检测碰撞发生的方式有两种，一种是利用碰撞器，另一种则是利用触发器。碰撞器包含了很多种类，如 Box Collider（盒碰撞体）、Mesh Collider（网格碰撞体）等，这些碰撞器应用的场合不同，但都必须添加到 GameObject 上。

利用触发器进行碰撞检测只需要在 Inspector 面板中的碰撞器组件中勾选 Is Trigger 属性复选框即可。如果既要检测到物体的接触又不想让碰撞检测影响物体移动或要检测一个物件是否经过空间中的某个区域时可以用到触发器。

- **射线检测**

在开发中,尤其是跟模型交互时,都会用到射线检测。射线是 3D 世界中一个点向一个方向发射的一条无终点的线,在发射轨迹中与其他物体发生碰撞时,它将停止发射。射线应用范围比较广,多用于碰撞检测。

- **相关 API**

Ray Camera.main.ScreenPointToRay(Vector3 pos):返回一条射线 Ray 从摄像机到屏幕指定一个点。

Ray Camera.main.ViewportPointToRay(Vector3 pos):返回一条射线 Ray 从摄像机到视口(视口之外无效)指定一个点。

- **Ray 射线类**

RaycastHit:光线投射碰撞信息。

bool Physics.Raycast(Vector3 origin,Vector3 direction,float distance,int layerMask):当光线投射与任何碰撞器交叉时为真,否则为假。

bool Physics.Raycast(Ray ray,Vector3 direction,RaycastHit out hit,float distance,int layerMask):在场景中投下可与所有碰撞器碰撞的一条光线,并返回碰撞的细节信息。

bool Physics.Raycast(Ray ray,float distance,int layerMask):当光线投射与任何碰撞器交叉时为真,否则为假。

bool Physics.Raycast(Vector3 origin,Vector3 direction,RaycastHit outhit,float distance,int layerMask):当光线投射与任何碰撞器交叉时为真,否则为假。

注意:如果从一个球形体的内部到外部用光线投射,返回为假。

- **参数理解**

Origin:在世界坐标中射线的起始点。

direction:射线的方向。

distance:射线的长度。

hit:使用 C♯ 中 out 关键字传入一个空的碰撞信息类,碰撞后赋值。可以得到碰撞 transform、rigidbody、point 等信息。

layerMask:只选定 layerMask 层内的碰撞器,其他层内碰撞器忽略。选择性地碰撞。

RaycastHit[] RaycastAll(Ray ray,float distance,int layerMask):投射一条光线并返回所有碰撞,也就是投射光线并返回一个 RaycastHit[]结构体。

以摄像机所在位置为起点,创建一条向下发射的射线,创建射线如图 3.5 所示。

应用前面所介绍的射线检测来制作一个交互功能演示原型,这样的交互功能演示原型很常见,应用也十分广泛,只要是隔空的交互效果,就可以采用这样的方式。

(1)新建一个场景,在 Hierarchy 面板下执行 Create→3D Object→Cube 命令,创建 Cube 并布置场景,创建 Cube 如图 3.6 所示。

(2)在该文件中主要练习射线检测对于基本交互的应用,在 3D 场景中,当抓取物体,或者是交互展馆中,人靠近文物都会有相应的提醒和提示,那么这样的一些应用如果用碰撞检测或者是触发检测就会不合乎交互规则。当人碰撞到了文物或者已经穿过才有反馈显然是不对的,这时在虚拟的环境中要应用射线检测来实现这一功能。新建一个脚本制作射线检测。

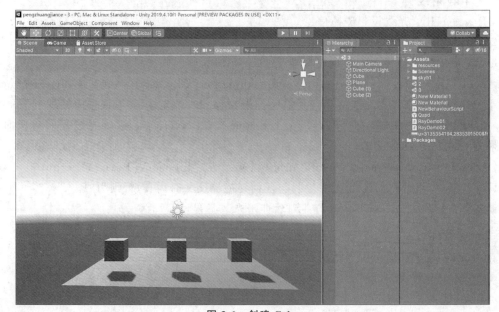

图 3.5   创建射线

图 3.6   创建 Cube

```
using System.Collections;
using System.Collections.Generic;
using UnityEngine;
public class NewBehaviourScript : MonoBehaviour {
    public GameObject prefab;
    private object danhen;
    void Update () {
        if (Input.GetMouseButton(0))
        {
            Ray ray = Camera.main.ScreenPointToRay(Input.mousePosition);
            RaycastHit hit;                    //射线信息
            if(Physics.Raycast(ray,out hit, 100f))
            {
                Vector3 weizhi = hit.point;    //射线接触物体的位置点
                //实例化子弹
```

```
                GameObject danhen = GameObject.Instantiate(prefab, weizhi,
        Quaternion.identity) as GameObject;
                //让子弹弹痕朝向屏幕,广告版模式
                danhen.transform.LookAt(hit.point - hit.normal);
                danhen.transform.Translate(Vector3.back * 0.01f);
            }
        }
    }
}
```

（3）将脚本拖动到摄像机 Main Camera 上，运行文件，将弹痕的 prefab 指定到实例化对象位置。实例化弹痕如图 3.7 所示。

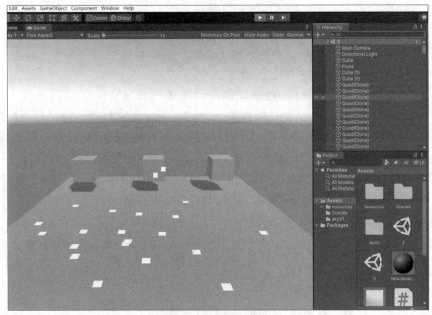

图 3.7　实例化弹痕

（4）鼠标单击任意场景，可以出现预先设定好的弹痕特效，这种交互反馈可以替换成任何想要设计的效果，但是射线检测的方法是不变的，需要注意以下几点。

实例化子弹：

```
GameObject danhen=GameObject.Instantiate(prefab, weizhi, Quaternion.identity)
as GameObject;
```

让子弹弹痕朝向屏幕：

```
danhen.transform.LookAt(hit.point - hit.normal);
```

射线的运用：

```
Ray ray =Camera.main.ScreenPointToRay(Input.mousePosition);
RaycastHit hitInfo;
```

3.2.2　Unity 3D 声音可视化交互

听觉感知传递的信息仅次于视觉，可人们一般都低估了这些信息。人类的听觉可以感知大量的信息，但被视觉关注掩盖了许多。听觉所涉及的问题和视觉一样，即接受刺激，把它的特性转换为神经兴奋，并对信息进行加工，然后传递到大脑。声波在空气中的振动传播的特性、音调与声波的频率有关，低频能产生低调的声音，高频能产生高调的声音。响度指在频率一定的情况下声波的振幅。音色与发声的材料有关，不同的乐器可以产生相同频率和振幅的声波，但音色不同。人类能够听到频率为 20Hz～20kHz 的声音，其中在 1000Hz～4000Hz 范围内听觉的感受性最高。500Hz 以下和 5000Hz 以上的声音，强度很大时才能被听到。响度超过 140dB（分贝）时，所引起的不再是听觉而是痛觉。人类可以辨认的语音频率范围是 260Hz～5600Hz。听觉系统把输入分为如下三类：

噪声和可以忽略的不重要的声音；

被赋予意义的非语言声音，如动物的叫声；

用来组成语言的有意义的声音。

听觉系统就像视觉系统一样，利用以前的经验来解释输入。Lindsay PH 和 Norman DA 的"材料-驱动"（Data-Driven）和"概念-驱动"（Conceptually-Driven）过程。材料-驱动指的是对言语材料在感知水平上进行的加工过程，它是由下而上的分析过程。概念-驱动则是在理解水平上进行的加工过程，它是由上而下（从最高的结构概念开始）的分析过程。人类听觉系统对声音的解释可帮助设计人机交互系统中的声音的合理运用，在接下来的案例中，根据 Unity 3D 中声音的运用来具体分析其在虚拟环境中的体现。

- **支持格式**

在虚拟环境中，一般存在两种音乐，一种是时间较长的背景音乐，另一种是时间较短的音效（如按钮单击、开枪音效等）。

Unity 3D 支持如下几种音乐格式。

AIFF：适用于较短的音乐文件可用作游戏打斗音效。

WAV：适用于较短的音乐文件可用作游戏打斗音效。

MP3：适用于较长的音乐文件可用作游戏背景音乐。

OGG：适用于较长的音乐文件可用作游戏背景音乐。

- **Unity 3D 中播放音乐**

Unity 3D 对声音进行了封装，以下三个组件是播放声音的基本组件。

首先是 Audio Listener 组件。一般创建场景时在主摄像机上就会带有这个组件，该组件只有一个功能，就是监听当前场景下的所有音效的播放并将这些音效输出，如果没有这个组件，则不会发出任何声音。但是不需要创建多个该组件，一般场景中只需要在任意的 GameObject 上添加一个该组件就可以了，但是要保证这个 GameObject 不被销毁，所以一般按照 Unity 3D 的做法，在主摄像机中添加即可。

其次是 Audio Source 组件。控制一个指定音乐播放的组件，可以通过属性设置来控制音乐的一些效果，具体设置可以查看官方的文档（官方文档的网址详见前言二维码）。

下面列出一些常用的属性。

AudioClip：声音片段，还可以在代码中去动态地截取音乐文件。

Mute：是否静音。

Bypass Effects：是否打开音频特效。

Play On Awake：开机自动播放。

Loop：循环播放。

Volume：声音大小，取值范围为 0.0～1.0。

Pitch：播放速度，取值范围为-3～3，设置 1 为正常播放，小于 1 为减慢播放，大于 1 为加速播放。

最后一个是 AudioClip 组件。当把一个音乐导入到 Unity 3D 中，这个音乐文件就会变成一个 AudioClip 对象，既可以直接将其拖动到 AudioSource 的 AudioClip 属性中，也可以通过 Resources 或 AssetBundle 进行加载，加载出来的对象类型就是 AudioClip。

• **播放声音的简单案例**

不需要一行代码，即可加载声音，并且循环播放。新建一个场景，给 Main Camera 添加一个 Audio Source 组件，在 Inspector 面板上单击 Add Component 按钮输入 Audio Source 并选择，将准备好的音乐文件拖动到 AudioClip 属性上，勾选 Loop 使其可以进行循环播放。按照图 3.8 所示，单击 ▶ 按钮运行程序即可实现加载的声音循环播放。

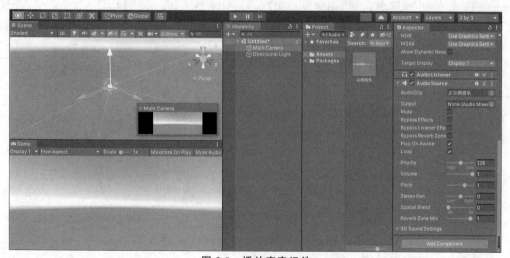

图 3.8　播放声音组件

• **音效效果**

Unity 3D 中把声音分为三个方法进行管理，可以实现 3D 音效效果。在满足基本的交互情况下，可以更好地提升用户体验。将 Audio Listener 看作一双耳朵的话就可以很好地理解什么是 3D 音效效果了，Unity 3D 会根据 Audio Listener 对象所在的 GameObject 和 Audio Source 对象所在的 GameObject 判断距离和位置来模拟真实世界中的音量近大远小的效果。首先，找到导入的音乐文件，必须设置为 3D 音乐，默认就是。当然如果是 2D 音乐就不会有近大远小的效果了，音频文件设置如图 3.9 所示。

在很多情况下，为了使交互作品更加完善还会为作品添加立体音效，3D 声音加载只需要以下的几步操作。

图 3.9　音频文件设置

（1）创建一个新的场景，在场景添加三个 GameObject，在 Hierarchy 面板下执行 Create→
Create Empty 命令，摆放位置，创建空对象（GameObject）如图 3.10 所示。

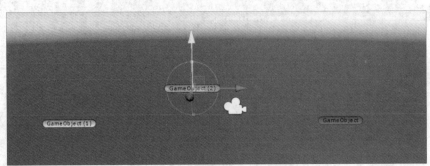

图 3.10　创建空对象（GameObject）

（2）单击 Audio Listener 组件右上角的设置按钮选择 Remove Component 选项，移除主摄
像机上的 Audio Listener 组件。在 GameObject 的 Inspector 面板上单击 Add Component 按钮，
输入 Audio Listener 和 Audio Source，给 GameObject 添加一个 Audio Listener 组件，其他两个
添加 Audio Source 组件。

（3）将下载好的 3D 音乐拖动到 GameObject（1）和 GameObject（2）的 Audio Source
上，单击▶按钮，可以感受到两个音响之间移动的效果。

- **通过代码控制声音的播放和控制**

```
private AudioSource _audioSource;
```

首先需要声明加载的 Audio Source 组件，声明完成后在 start 方法中进行如下脚本的
编写即可。

```
_audioSource = this.gameObject.AddComponent<AudioSource>();
AudioClip audioClip = Resources.Load<AudioClip>("bgm");
_audioSource.loop = true;
_audioSource.clip = audioClip;
_audioSource.Play();
```

- **声音交互高级案例——声乐可视化交互**

声音能够增加虚拟作品中的真实感,无论在虚拟现实作品还是人机交互系统中,都是在和无形的环境、人物打交道,声音能够增加作品的趣味性,频率是声音的物理特性,而音调则是频率的主观反映。一般地,音调的高低与频率的高低一致。频率不变,强度的变化对音调稍有影响,强度增大时,低频率音调显得更低,而高频率音调显得更高。例如,8192Hz的声音在100dB强度下所产生的音调要比80dB时高,而128Hz的声音在100dB时所产生的音调要比70dB时低。音调的单位为美(Mel)。频率1000Hz听阈以上40dB(感觉级)的纯音所产生的音调为1000Mel,音调比它高1倍为2000Mel(大致相当于3000Hz纯音的音调)。当频率增加1倍时称为1个倍频程(Octave),相当于音乐中音调增高一个八度音阶。在Unity 3D中,可以将声音进行可视化的显示。

沉浸,就是让用户专注在由设计者营造的当前目标情境下感到愉悦和满足,而忘记真实世界的情境。音频是人机交互的重要组成部分,音频能够营造更好的沉浸感。在Unity 3D开发中也是不可或缺的元素,是构成人机交互项目背景音乐、特效音乐等内容必需的资源。音乐不仅能渲染出用户参与作品时的氛围,还能增加用户对作品的认知度。不同的音乐,可以根据其特点形成不同的可视化图形。具体实现步骤如下。

(1) 创建空的场景,执行 Assets→Import Package→Custom Package 命令,导入Koreographer 插件和音乐素材,搭建场景,为场景中的 Ball 添加刚体组件,在 Ball 的Inspector 面板上单击 Add Component 按钮输入 Rigidbody 添加刚体组件。在 Assets 的Project 面板中的空白处右击,在弹出的快捷菜单中执行 Create→Folder 命令,新建一个MyDemo 文件夹,在 MyDemo 文件夹下的 Project 面板中的空白处右击,在弹出的快捷菜单中执行 Create→Folder 命令,再创建 Koreographer、Scenes、Scripts、Materials 文件夹分别存放音轨、场景、脚本和材质。导入素材如图 3.11 所示。

(2) 双击打开 MyDemo 文件夹,右击 MyDemo 文件夹面板空白处,在弹出的快捷菜单中执行 Create→Koreographer 命令,创建 Koreography,右击 Koreography,在弹出的快捷菜单中选择 Rename 选项更改名称为 MyKoreography,在 MyDemo 文件夹面板空白处右击,在弹出的快捷菜单中执行 Create→KoreographerTrack 命令,创建 KoreographyTrack,右击 KoreographyTrack,在弹出的快捷菜单中选择 Rename 选项更改名称为 BallTrack,并在 KoreographyTrack 的 Inspector 面板上把 Event ID 修改为 BallTrack,与前面的KoreographerTrack 修改完成的名称保持一致。创建 Koreography 如图 3.12 所示。

(3) 将素材音乐拖动到 MyKoreography 的 Inspector 面板中的 M Source Clip 上,把BallTrack 拖动到 MyKoreography 的 Inspector 面板中的 M Tracks 上,单击 Open In Koreography Editor 按钮,打开音乐编辑器。Inspector 面板如图 3.13 所示。

(4) 在音轨上根据音乐节奏,使用 Select、Draw、Clone 等方法添加事件,也可以直接在节拍处双击,添加事件。

图 3.11　导入素材

图 3.12　创建 Koreography

图 3.13　Inspector 面板

快捷键如下。

A：Select 事件。

S：Draw 事件。

D：Clone 事件。

E：播放时添加事件。

Space：播放或暂停。

（5）创建脚本 BallTrack，实现小球根据音乐节奏跳动，引入命名空间 SonicBloom.
Koreo。在小球的 Inspector 面板上单击 Add Component 按钮分别输入 Sphere Collider 和
BallTrack，给小球添加 Sphere Collider 组件和 BallTrack 脚本。然后将 BallTrack 的 ID 名
称拖动到 Event ID 并设置小球的跳动速度。

```csharp
using System.Collections;
using System.Collections.Generic;
using UnityEngine;
using SonicBloom.Koreo;
public class BallTest : MonoBehaviour
{
    private Rigidbody rigidbodyCom;
    public string eventID;
    public float jumpSpeed;
    void Start()
    {
        rigidbodyCom = GetComponent<Rigidbody>();
        Koreographer.Instance.RegisterForEvents(eventID, BallJump);
    }
    private void BallJump(KoreographyEvent koreographyEvent)
    {
        Vector3 vel = rigidbodyCom.velocity;
        vel.y = jumpSpeed;
        rigidbodyCom.velocity = vel;
    }
}
```

（6）在 Hierarchy 中执行 Create→UI→EventSystem 命令，创建 EventSystem，并执行
Create→Create Empty 命令，创建一个空物体，给空物体更改名称为 MusicPlayer。选中
MusicPlayer 选项，在其 Inspector 面板上单击 Add Component 按钮添加 Koreographer 组
件、Audio Source 组件和 Simple Music Player 组件，把 MyKoreography 指定拖动给 Simple
Music Player 组件中的 Koreography 卡槽。然后运行，就可以实现小球随音乐节奏跳动。
音乐管理如图 3.14 所示。

（7）执行 Assets→Koreographer→Dermos→Prefabs→Particle System 命令，拖入场景
面板。在 MyDemo 的 Koreographer 文件夹下右击，在弹出的快捷菜单中执行 Create→
KoregrophyTrack 命令，新建一个 KoregrophyTrack，更改名称为 ParticleTrack，同样修改
Event ID 为 ParticleTrack，与其名称保持一致。将新创建的 ParticleTrack 拖动到 MyKoreography
的 Tracks 上，单击 Open In Koreography Editor 按钮，打开编辑器。MyKoreography 设置

如图 3.15 所示。

图 3.14 音乐管理

图 3.15 MyKoreography 设置

（8）在 Koreography Editor 中，将 Track to Edit 修改为这次要更改的粒子系统音轨 ParticleTrack，在合适的节拍处添加事件。Koreography Editor 如图 3.16 所示。

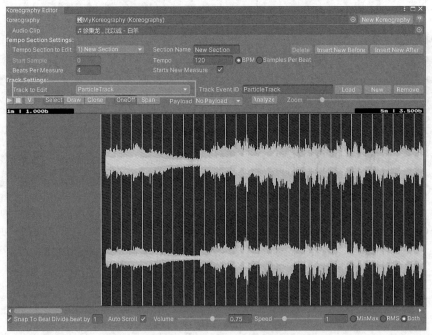

图 3.16 Koreography Editor

（9）创建脚本 ParticleTrack，控制粒子的喷射数量，同样引入命名空间 SonicBloom. Koreo。单击 Add Component 按钮输入 ParticleTrack，添加 ParticleTrack 脚本。然后将 ParticleTrack 的 ID 名称拖动到 Event ID 并设置粒子的喷射速度。

```
using System.Collections;
using System.Collections.Generic;
using UnityEngine;
using SonicBloom.Koreo;
public class ParticleTrack : MonoBehaviour
{
    public string eventID;
    public float particlePerBeat = 100;
    private ParticleSystem particleSystemCom;
    void Start()
    {
        particleSystemCom = GetComponent<ParticleSystem>();
        Koreographer.Instance.RegisterForEvents(eventID, CreatParticle);
    }
    private void CreatParticle(KoreographyEvent KoreographyEvent)
    {
        int particleCount = (int)(Koreographer.GetBeatTimeDelta() * particlePerBeat);
        particleSystemCom.Emit(particleCount);
    }
}
```

以上,通过 Koreographer 组件,实现了根据音乐节拍添加游戏事件。

3.2.3 Unity 3D 摄像机交互

在很多大屏幕的互动项目中,会用到摄像机的交互,用摄像机调取用户的输入,和场景中的物体发生互动。在 Unity 3D 中创建一个摄像机后,除了默认带有一个 Transform 组件外,还会附带 Flare Layer、GUI Layer、Audio Listener 等组件。

Unity 3D 摄像机包含的参数如下。

Clear Flags:清除标记。决定屏幕的哪部分将被清除。一般用户使用多台摄像机来描绘不同游戏对象的情况,有 3 种模式选择。

Skybox:天空盒。默认模式。在屏幕中的空白部分将显示当前摄像机的天空盒。如果当前摄像机没有设置天空盒,会默认用 Background 颜色。

Solid Color:纯色。选择该模式,屏幕上的空白部分将显示当前摄像机的 Background 颜色。

Depth only:仅深度。该模式用于游戏对象不希望被裁剪的情况。

Dont Clear:不清除。该模式不清除任何颜色或深度缓存。其结果是,每一帧渲染的结果叠加在下一帧之上。一般与自定义的 Shader 配合使用。

Background:背景。设置背景颜色。在镜头中的所有元素渲染完成且没有指定天空盒的情况下,将设置的颜色应用到屏幕的空白处。

Culling Mask:剔除遮罩,选择所要显示的 Layer。

Projection:投射方式。

Perspective:透视。摄像机将用透视的方式来渲染游戏对象。

Field of view:视野范围。用于控制摄像机的视角宽度以及纵向的角度尺寸。

Orthographic:正交。摄像机将用无透视的方式来渲染游戏对象。

　　　　Size：大小。用于控制正交模式摄像机的视口大小。

　　　　Clipping Planes：剪裁平面。摄像机开始渲染与停止渲染之间的距离。

　　　　Near：近点。摄像机开始渲染的最近的点。

　　　　Far：远点。摄像机开始渲染的最远的点。

　　　　ViewportRect：标准视图矩形。用四个数值来控制摄像机的视图将绘制其在屏幕上的位置和大小，使用的是屏幕坐标系，数值范围为0～1。坐标系原点在左下角。

　　　　Depth：深度。用于控制摄像机的渲染顺序，较大值的摄像机将被渲染在较小值的摄像机之上。

　　　　Rendering Path：渲染路径。用于指定摄像机的渲染方法。

　　　　Use Player Settings：使用 Project Settings→Player 中的设置。

　　　　Vertex Lit：顶点光照。摄像机将所有的游戏对象作为顶点光照对象来渲染。

　　　　Forward：快速渲染。摄像机将所有游戏对象将按每种材质一个通道的方式来渲染。

　　　　Deferred Lighting：延迟光照。摄像机先对所有游戏对象进行一次无光照渲染，用屏幕空间大小的缓冲器保存几何体的深度、法线以及高光强度，生成的缓冲器将用于计算光照，同时生成一张新的光照信息缓冲器。最后所有的游戏对象会被再次渲染，渲染时叠加光照信息 Buffer 的内容。

　　　　Target Texture：目标纹理。用于将摄像机视图输出并渲染到屏幕上。一般用于制作导航图或者画中画等效果。

　　　　HDR：高动态光照渲染。用于启用摄像机的高动态范围渲染功能。

　　　　从上述参数列举可知 Unity 3D 摄像机的参数很多，所以在运用的过程中，根据不同的案例进行不一样参数的选取，例如，在调取摄像机案例中设置如下。

　　　　(1) 创建工程文件，布置场景，一个 Camera，一个 Cube，一个 Canvas，在 Hierarchy 面板执行 Create→Camera 命令，新建 Camera，执行 Create→3D→3D Object 命令，新建 Cube，执行 Create→UI→Canvas 命令，新建 Canvas，同时创建测试的按钮和 UI，右击 Canvas，在弹出的快捷菜单中执行 Create→UI→Button 命令，右击 Canvas，在弹出的快捷菜单中执行 Create→UI→Image 命令，自行根据需要进行创建即可，搭建场景如图 3.17 所示。

　　　　(2) 由于 Unity 3D 内置了摄像机的很多方法，所以实现摄像机的调取并不是很难。只要找到相应的摄像机及其组件即可调取摄像机并修改其属性。执行 Create→C♯ Script 命令，创建脚本 CamController，在脚本中定义以下变量。

```
public GameObject cam1;                    //第一个摄像机
public GameObject cam2;                    //第二个摄像机
public Button btn;                         //切换摄像机的按钮
```

　　　　(3) 在 Start 方法中进行变量的初始化。

```
void Start () {
    cam1.SetActive(true);
    cam2.SetActive(false);                 //隐藏第二个摄像机
    btn.onClick.AddListener(changeCamera); //监听切换按钮
}
```

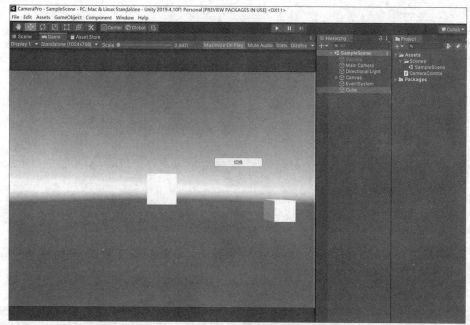

图 3.17 搭建场景

（4）创建 changeCamera()函数，在其中判断摄像机的显隐状态并实现摄像机的切换。

```
void changeCamera()
{
    if (cam1.activeSelf == true)
    {
        cam1.SetActive(false);
        cam2.SetActive(true);
    }
    else
    {
        cam1.SetActive(true);
        cam2.SetActive(false);
    }
}
```

（5）在 Update()函数中使用 Input()函数调用键盘按键，改变摄像机的视野范围。

```
void Update () {
    if (Input.GetKey(KeyCode.S))                //S 键被按下的状态
    {
        if (cam1.activeSelf == true)
        {
            cam1.GetComponent<Camera>().fieldOfView +=Time.deltaTime * 10;
        }
        else
        {
```

```
            cam2.GetComponent<Camera>().fieldOfView +=Time.deltaTime * 10;
        }
    }else if (Input.GetKey(KeyCode.W))
    {
        if (cam1.activeSelf == true)
        {
            cam1.GetComponent<Camera>().fieldOfView -=Time.deltaTime * 10;
        }
        else
        {
            cam2.GetComponent<Camera>().fieldOfView -=Time.deltaTime * 10;
        }
    }
}
```

（6）运行程序，可通过 Button 按钮切换摄像机，也可通过按 W、S 键调节视野范围。Button 功能和视野范围如图 3.18 所示。

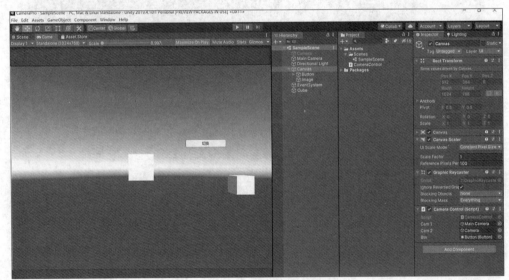

图 3.18　Button 功能和视野范围

视频讲解

3.3　高级环境交互

3.3.1　Unity 3D 自动寻路 Navmesh 之入门

Unity 3D 中的导航网格 Navmesh 广泛应用于动态物体实现自动寻路的功能，属于人工智能的一种，通过此功能可以使智能 AI 自行绕过障碍或翻越墙体等，最终到达目标地点或找到目标对象，是一种既方便，又简单，同时还很实用的功能。根据下面的案例，来简单地了解一下 Navmesh。

（1）首先导入场景和人物素材，搭建一个场景，并选中所有地面和建筑，在 Inspector 面板中选择静态（Static）下拉选项中的 Navigation Static 选项，Navigation Static 静态类型如图 3.19 所示。

（2）在 AI 人物的身上单击 Add Component 按钮添加 Nav Mesh Agent 寻路组件和控制脚本。Nav Mesh Agent 组件如图 3.20 所示。

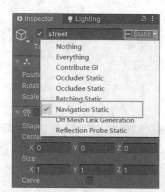

图 3.19 Navigation Static 静态类型

图 3.20 Nav Mesh Agent 组件

```
using System.Collections;
using System.Collections.Generic;
using UnityEngine;
using UnityEngine.AI;
public class BaseNavigation : MonoBehaviour
{
    public Transform target;
    private NavMeshAgent nav;
    private void Start()
    {
        nav = this.GetComponent<NavMeshAgent>();
    }
    private void Update()
    {
        if(target&&nav)
        {
            nav.SetDestination(target.transform.position);
```

```
        }
    }
}
```

（3）创建目标物体，并拖动到 BaseNavigation 脚本中 target 的卡槽中。

（4）在顶层菜单栏中执行 Windows→AI→Navigation 命令，打开 Navigation 面板，单击 Bake 按钮，开始烘焙导航网格。运行整体项目，实现 AI 人物的导航网格自动寻路。烘焙导航网格如图 3.21 所示。

（5）新建场景二，将目标物体的位置设置在高处，在场景中制作斜坡。

（6）选中所有地面和建筑，在 Inspector 面板中选中静态（Static）下拉选项中的 Navigation Static 选项，然后单击 Add Compenont 按钮添加 Nav Mesh Agent 寻路组件和控制脚本。单击 Bake 按钮重新烘焙导航网格。运行后，AI 人物可以通过斜坡到达目标位置。重新烘焙效果如图 3.22 所示。

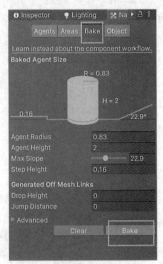

图 3.21 烘焙导航网格

（7）菜单栏上执行 File→New Scene 命令，新建场景三，场景中有红色、蓝色两个 AI 人物，并标记出红色、蓝色两条不同的道路。

图 3.22 重新烘焙效果

（8）在新建场景三内，选中所有地面和建筑，在 Inspector 面板中选中静态（Static）下拉选项中的 Navigation Static 选项，在 Navigation 面板中的 Areas 条件中的卡槽内添加红色道路和蓝色道路两个新的区域，分别命名为 Road_red 和 Road_blue。添加区域如图 3.23 所示。

（9）选中红色的道路，在 Navigation 面板中的 Object 下拉选项中的 Navigation Area 条件中修改为之前设置好的 Road_red，同样地选中蓝色的道路，在 Navigation 面板中的 Object 下拉选项中的 Navigation Area 条件中修改为之前设置好的 Road_blue。标记红色道路如图 3.24 所示。

（10）在其中一个 AI 人物的身上，执行 Nav Mesh Agent→Area Mask 命令，下拉框中勾选 Walkable 和 Road_red；在另一个 AI 人物的身上，执行 Nav Mesh Agent→Area Mask 命令，下拉框中勾选 Walkable 和 Road_blue，为不同的人物设定不同的行进区域。红色 AI 人物设置如图 3.25 所示。

图 3.23 添加区域

图 3.24 标记红色道路

图 3.25 红色 AI 人物设置

（11）单击 Bake 按钮烘焙导航网格。运行后，不同颜色的 AI 人物可以通过对应颜色的区域到达目标位置。场景三运行效果如图 3.26 所示。

（12）菜单栏上执行 File→New Scene 命令，新建场景四，选取道路的一段作为危险路段，在场景四中，通过改变材质颜色与普通路面进行区分。

（13）选中场景四中所有地面和建筑，在 Inspector 面板中的静态（Static）下拉选项中选择 Navigation Static 选项，选中 AI 人物后，在其 Inspector 面板下，单击 Add Compenont 按钮添加 Nav Mesh Agent 寻路组件和控制脚本。为危险路段添加 Nav Mesh Obstacle 组件

图 3.26　场景三运行效果

并编写新的脚本控制危险路段。

```
using System.Collections;
using System.Collections.Generic;
using UnityEngine;
using UnityEngine.AI;
public class NavmeshObstacle : MonoBehaviour
{
    private NavMeshObstacle bar;
    private void Start()
    {
        bar = this.GetComponent<NavMeshObstacle>();
    }
    private void Update()
    {
        //允许通过
        if(Input.GetButtonDown("Fire1"))
        {
            if(bar)
            {
                bar.enabled = false;
                this.GetComponent<Renderer>().material.color = Color.green;
            }
        }
        //禁止通过
        if(Input.GetButtonUp("Fire1"))
        {
            if(bar)
            {
                bar.enabled = true;
                this.GetComponent<Renderer>().material.color = Color.red;
            }
```

```
            }
        }
    }
```

（14）烘焙导航网格。运行后，当 AI 人物走到危险路段时，单击危险路段变为绿色，AI 人物才可以通过，鼠标松开时，AI 人物将不能通过危险路段。AI 人物通过障碍路段如图 3.27 所示。

图 3.27　AI 人物通过障碍路段

3.3.2　交互环境中的人工智能

1. 群组行为

当有一群人或者动物与环境进行真实的交互时，要想模拟出最真实的行为，就要让群体的行为符合群体的特征。根据下面的案例，先不加入 Unity 3D 环境中的人工智能，而用简单的视觉模糊来进行鸟群的行为模拟。在接下来的案例中模拟鸟群的飞行。

（1）新建一个场景，并导入鸽子素材，在 Inspector 面板上修改鸽子素材的 Animation 属性，勾选 Loop Time 使动画循环播放，并单击 Apply 按钮保存。修改完鸽子的 Animation 属性之后需要将其放入场景中，并将它的动画 Take 001 拖动到 Inspector 面板中，这时就会自行生成鸽子的动画状态机并被挂到鸽子的 Animator 组件中，此时运行文件，鸽子就会扇动翅膀，最后，单击 Add Component 按钮给鸽子添加 Sphere Collider 碰撞体并进行调整后拖入 Assets 面板中生成一个预制体，右击鸽子，在弹出的快捷菜单中选择 Delete 选项删除场景中的鸽子即可。修改鸽子动画如图 3.28 所示。

（2）在该文件中主要来模拟鸽群前行时的状态，在飞行过程中，每只鸽子都会有离散、聚合和队列前进三种状态，因此，需要通过这三个方向上的力控制每一只鸽子来模拟出鸽群的群组行为。因此创建一个函数 ForceCompute()用来计算出离散、聚合及队列前进三个方向上的合力，并每 0.2 秒调用一次这个函数，最后通过调节里面的数据达到理想的效果。创建脚本 PigeonAI，在脚本中定义以下变量。

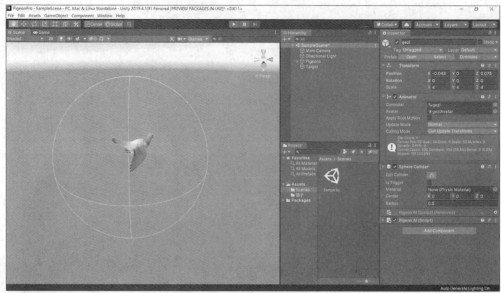

图 3.28 修改鸽子动画

```
public Transform target;
public Vector3 velocity = Vector3.forward;
private Vector3 startVelocity;
public Vector3 SumForce = Vector3.zero;
//在 Start 中初始化变量
void Start()
{
    target = GameObject.Find("Target").transform;
    startVelocity = velocity;
}
```

（3）定义离散的力变量。

```
public float Lisan_Distance = 3;
public List<GameObject> Lisan_Partner = new List<GameObject>();
public float Lisan_Weight = 1;
public Vector3 Lisan_Force = Vector3.zero;
//在 ForceCompute()函数中初始化合力并添加离散力的计算
ForceCompute(){
    SumForce = Vector3.zero;
    //计算离散的力
    Lisan_Force = Vector3.zero;
    Duilie_Partner.Clear();                    //清除队列数据
    Collider[] colliders = Physics.OverlapSphere(transform.position, Lisan_Distance);
    //Physics 之后代码的作用
    //用来检测以某个位置为半径发射一个圆以检测球体内有哪些游戏物体(用来做物理检测,得
到的结果是 collider 的集合)
    for(int i = 0; i < colliders.Length; i++)
    {
```

```
        if(colliders[i]!=null&& colliders[i].gameObject != this.gameObject)
        {
            Duilie_Partner.Add(colliders[i].gameObject);
        }
    }
    for(int i = 0; i < Duilie_Partner.Count; i++)
    {
        Vector3 dir = transform.position - Duilie_Partner[i].transform.position;
                                        //计算位置距离
        Lisan_Force += dir.normalized / dir.magnitude;
                                        //计算所有邻居向前的向量和
    }
    if (Duilie_Partner.Count > 0)
    {
        Lisan_Force *= Lisan_Weight;
        SumForce += Lisan_Force;
    }
}
```

（4）定义整体队列的力变量。

```
public float Duilie_Distance = 6;                    //检测距离
public List<GameObject> Duilie_Partner = new List<GameObject>();
public float Duilie_Weight = 3;
public Vector3 Duilie_Force = Vector3.zero;
```

（5）在同一脚本内，添加 ForceCompute()函数，并在其中添加队列的力的计算。

```
ForceCompute(){
    Duilie_Partner.Clear();
    colliders = Physics.OverlapSphere(transform.position, Duilie_Distance);
    for(int i = 0; i < colliders.Length; i++)
    {
        if (colliders[i] != null && colliders[i].gameObject != this.gameObject)
        {
            Duilie_Partner.Add(colliders[i].gameObject);
        }
    }
    Vector3 avgDir = Vector3.zero;
    for(int i = 0; i < Duilie_Partner.Count; i++)
    {
        avgDir += Duilie_Partner[i].transform.forward;
    }
    if (Duilie_Partner.Count > 0)
    {
        avgDir /= Duilie_Partner.Count;           //除以所有同类数量计算平均值
        Duilie_Force = avgDir - transform.forward;
                        //平均力的向量减去向前力的向量得出需要附加的力的向量
        Duilie_Force *= Duilie_Weight;    //权重,力太大或太小时给附加的力添加一个参数
```

```
        SumForce += Duilie_Force;                      //将需附加的力加到总力中
    }
}
```

（6）定义单个队列的力变量。

```
public float Juhe_Weight = 1;
public Vector3 Juhe_Force = Vector3.zero;
```

（7）在同一脚本内，在待完善的 ForceCompute()函数中添加队列的力的计算。

```
ForceCompute(){
    //计算聚合的力
    if (Duilie_Partner.Count > 0)
    {
        Vector3 center = Vector3.zero;
        for (int i = 0; i < Duilie_Partner.Count; i++)
        {
            center += Duilie_Partner[i].transform.position;
        }
        center /= Duilie_Partner.Count;             //计算出整个鸟群的重心点
        Vector3 dirToCenter = center - transform.position;
                                                    //计算鸟指向鸟群重心点的力
        Juhe_Force += dirToCenter.normalized * velocity.magnitude;
                                                    //magnitude 量化的关键字
        Juhe_Force *= Juhe_Weight;
        SumForce += Juhe_Force;
    }
}
```

（8）定义飞行速度，并在 ForceCompute()函数中添加保持鸽子恒定飞行速度的力。

```
public float speed = 3;
ForceCompute(){
    //保持恒定飞行速度的力
    Vector3 engineForce = startVelocity - velocity;
    SumForce += engineForce * 0.1f;
    Vector3 targetDir = target.position - transform.position;
    SumForce += (targetDir.normalized - transform.forward) * speed * 10f;
}
```

（9）定义时间、质量两个变量并在 Update()函数中，每 0.2 秒调用一次 ForceCompute()函数并根据合力方向计算鸽子的飞行角度和位置。

```
public float Timer=0;
public float checkTime = 0.2f;
public float mass = 1;
void Update()
{
```

```
    Timer += Time.deltaTime;
    if (Timer > checkTime)
    {
        ForceCompute();                    //每0.2秒调用一次函数
        Timer = 0;
    }
    velocity += (SumForce / mass) * Time.deltaTime * 0.1f;
    transform.rotation = Quaternion.Slerp(transform.rotation, Quaternion.
LookRotation(velocity), Time.deltaTime * 3);
    transform.Translate(transform.forward * Time.deltaTime * velocity.
magnitude, Space.World);
    }
```

（10）将写好的代码挂给鸽子预制体后，执行 Create→Create Empty 命令，创建两个空物体，一个命名为 Target 作为鸽子前进的目标，另一个命名为 Pigeons，并用预制体创建一些鸽子作为其子物体，最后调整摄像机以及每一只鸽子的位置，运行文件就可以看到鸽子群体飞向 Target 目标的群组行为，群组行为如图 3.29 所示。

图 3.29　群组行为

通过以上三种力的计算完整模拟了鸽子群的飞行，可以根据项目的实际扩展需要进行人群、蝴蝶、鱼群等模拟效果的运用，最重要的是可以在后面章节的学习过程中结合体感交互设备进行真实环境的模拟。

3.4　概念模型以及对概念模型的认知

视频讲解

概念模型指的是一种用户能够理解的系统描述，它使用一组集成的构思和概念，描述系统做什么、如何运作、外观如何等。设计开发一个概念模型的关键过程包括两个阶段：首先是了解用户任务需求；然后选择交互方式，并决定采用何种交互形式（是使用菜单系统，还是使用语音输入，或使用命令式的系统）。一个完整的概念模型也是一步步充实起来的，可以使用各种方法,包括草拟构思、情节串联法、描述可能的场景、设计原型系统。最后通过不断与用户交流,逐步完善交互系统的概念模型。Norman 提出了一个用于说明"设计概念模型"与"用户理解模型"之间关系的框架。关系框架如图 3.30 所示。

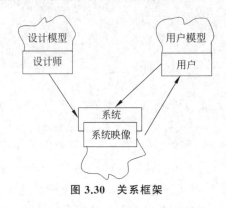

图 3.30　关系框架

3.5　《古色流今》传统文化展馆设计开发案例

该项目将本章中的知识点灵活运用到实际的项目开发中,最终形成产品。整个项目包含一个展馆场景(能够帮助人们了解各种中华传统文化)和一个园林场景(能使体验者在虚拟的状态下游览中华传统园林)。该项目的实现如下所示。

(1) 创建新项目文化展馆,导入图片素材 Image、3D 模型素材 Models、音乐素材 Audio 和视频素材 Video,将默认场景 Sample Scene 重命名为 0-Main,再新建两个场景分别命名为 1-zhanguan、2-yuanlin。执行 File→Build Setting 命令,将新建的两个场景添加到 Build 中。在使用前要将图片素材的 Texture type 都修改为 Sprite(2DandUI)。导入素材如图 3.31 所示。

图 3.31　导入素材

（2）进入 0-Main 场景，在 Hierarchy 面板执行 Create→UI→Image 命令，在 Hierarchy 面板中的 Canvas 修改 Inspector 面板的数据，将 Canvas Scaler 中的 UI Scale Mode 修改为 Scale With Screen Size，Match 调整为 0，这样就完成了 Canvas 的自适应，最后将 Game 界面的 Free Aspect 修改为 16 * 10 即可。修改场景如图 3.32 所示。

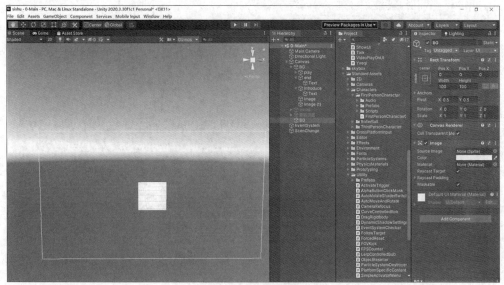

图 3.32 修改场景

（3）右击新建的 Image，在弹出的快捷菜单中选择 Rename 选项修改名称为 BG，作为主菜单的背景，找到图片素材资源里的"首页面"，拖动到 BG 的 Inspector 面板中的 Source Image 卡槽里，单击 Set Native Size 按钮，然后调整图片的大小并放到合适的位置。调整图片如图 3.33 所示。

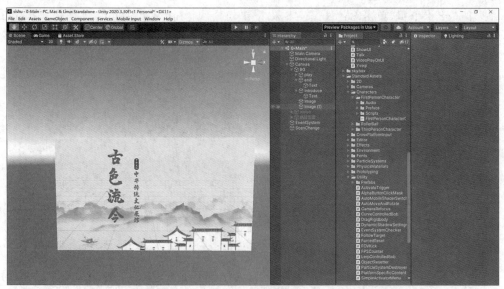

图 3.33 调整图片

（4）在 Hierarchy 面板选中 BG，右击，在弹出的快捷菜单中执行 Create→UI→Button 命令，在 BG 下新建三个 Button 作为子物体，分别修改名称为 introduce、play 和 end。将图片素材里的"内容介绍""开始游览"和"有事告辞"分别拖动到对应 Button 的 Source Image 卡槽里，单击 Set Native Size 按钮，调整 Button 尺寸并放到合适的位置。调整 Button 如图 3.34 所示。

图 3.34　调整 Button

（5）在 Hierarchy 面板中执行 Create→UI→Image 命令，修改 Image 名称为 Introduction，找到图片素材里的"介绍页"，拖动到 Introduction 的 Source Image 卡槽里，单击 Set Native Size 按钮，然后调整图片的大小并放到合适的位置。在 Hierarchy 面板中选中刚刚创建的 Introduction，右击，在弹出的快捷菜单中执行 Create→UI→Button 命令，在 Introduction 下创建一个 Button，并修改名称为 return。找到图片素材里的"返回"，拖动到 return 的 Source Image 卡槽里，单击 Set Native Size 按钮，然后调整图片的大小并放到合适的位置，之后隐藏 Introduction 图片。图片调整如图 3.35 所示。

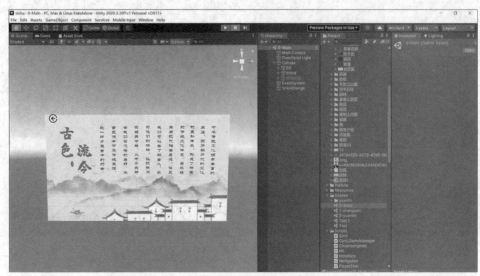

图 3.35　图片调整

（6）在 Project 面板中右击,在弹出的快捷菜单中执行 Create→Folder 命令,新建一个文件夹,修改名称为 Scripts,在 Scripts 文件夹中右击,在弹出的快捷菜单中执行 Create→C♯ Script 命令,新建一个 C♯ 脚本,命名为 Introduce,编辑脚本。

```csharp
using System.Collections;
using System.Collections.Generic;
using UnityEngine;

public class Introduce : MonoBehaviour
{
    public void Hide()
    {
        gameObject.SetActive(false);
    }
    public void Show()
    {
        gameObject.SetActive(true);
    }
    public void Destroy()
    {
        Destroy(gameObject);
    }
}
```

（7）将 Introduce 脚本拖动到 Introduction 图片的 Inspector 面板中。选择 Introduce 按钮后,在 Inspector 面板中选择 Button 组件的 On Click()事件,单击 On Click()事件栏下方的＋按钮,添加 On Click()事件,将 Introduction 图片拖动到 None(object)卡槽内,下拉 No Function 选项菜单,选择 Introduce.Show 方法选项。这样单击 Introduce 按钮后,Introduction 图片就会显示。同样选择 return 按钮后,在 Inspector 面板内选择 Button 组件的 On Click()事件,单击 On Click()事件栏下方的＋按钮,添加 On Click()事件,将 Introduction 图片拖动到 None(object)卡槽内,下拉 No Function 选项菜单,选择 Introduce.Hide 方法选项,这样单击 return 按钮后,Introduction 图片就会隐藏。场景效果如图 3.36 所示。

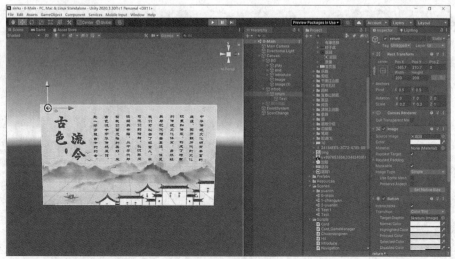

图 3.36　场景效果

（8）在 Project 面板中的 Scripts 文件夹中右击，在弹出的快捷菜单中执行 Create→C♯ Script 命令，新建一个 C♯ 脚本，命名为 SceneChange，编辑脚本。

```csharp
using System.Collections;
using System.Collections.Generic;
using UnityEngine;
using UnityEngine.SceneManagement;

public class SceneChange : MonoBehaviour
{
    public void Scene_main()
    {
        SceneManager.LoadSceneAsync(0);
    }
    public void Scene_zhanguan()
    {
        SceneManager.LoadSceneAsync(1);
    }
    public void Scene_yuanlin()
    {
        SceneManager.LoadSceneAsync(2);
    }
    public void Quit()
    {
        Application.Quit();
    }
}
```

（9）将 SceneChange 脚本分别拖动到 play 和 end 两个 Button 的 Inspector 面板中。给 play 按钮添加 On Click()事件，将 play 按钮拖动到 object 卡槽中，选择 SceneChange.Scene_ zhanguan 方法选项，这样单击 play 按钮后，场景即可跳转到 1-zhanguan。给 end 按钮添加 On Click()事件，将 end 按钮拖动到 object 卡槽中，选择 SceneChange.Quit 方法选项，这样 单击 end 按钮后，项目就会退出。编辑按钮如图 3.37 所示。

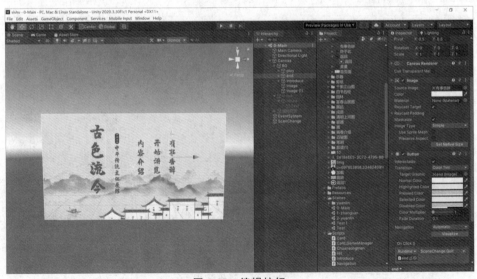

图 3.37 编辑按钮

（10）打开 1-zhanguan 场景，执行 Models→zhanguan→zhongshizhanguan 命令，将 zhongshizhanguan 拖动到 Hierarchy 面板中。完成之后，在 Hierarchy 面板上右击，在弹出的快捷菜单中执行 Create→Light→Directional Light/Point Light 命令。通过改变灯光的数量、位置和颜色，调节场景内的亮度。调节亮度如图 3.38 所示。

图 3.38 调节亮度

（11）按 Ctrl+9 组合键打开 Assets Store，搜索 Standard Assets，选择后单击 Import 按钮导入到当前项目。导入素材如图 3.39 所示。

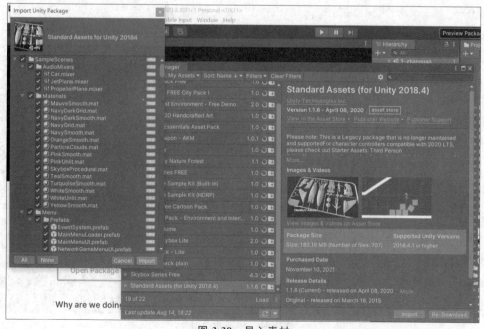

图 3.39 导入素材

（12）执 行 StandardAssets → Characters → FirstPersonCharacter → Prefabs → FPSController 命令,将该预制体拖动到场景中,拖动放置在门口。FPSController 位置如图 3.40 所示。

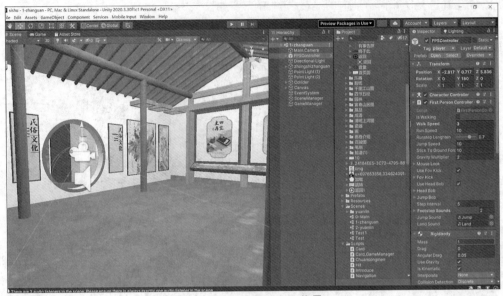

图 3.40　FPSController 位置

（13）为展馆中的地板、柱子、墙面、桌椅等物体分别添加碰撞器,选中物体,单击 Add Component 按钮,输入 Collider 搜索,根据不同的物体形状选择不同的碰撞器。其中不规则物体可以选择 Mesh Collider 组件,规则物体可以根据形状选择 Cube Collider 或 Capsule Collider 组件。添加碰撞器如图 3.41 所示。

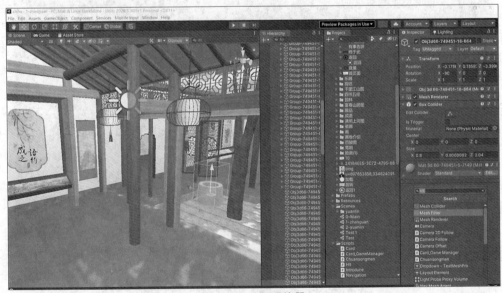

图 3.41　添加碰撞器

（14）在 Assets 中执行 Create→Folder 命令,新建一个 Folder,更改名称为 SkyBox,在

SkyBox 文件夹中右击空白处,在弹出的快捷菜单中执行 Create→Materials 命令,新建一个 Materials,更改名称为 skybox,执行 skybox→6Sided 命令,修改 skybox 材质球的渲染方式,锁定当前 Inspector 面板,执行 Images→skybox 命令,选择对应的图片,拖动到对应的位置。编辑 skybox 如图 3.42 所示。

(15) 执行 Window→Rendering→Lighting Settings 命令,将 Skybox material 替换成刚刚制作的 skybox。完成天空盒子的制作如图 3.43 所示。

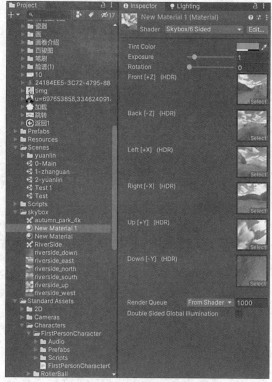

图 3.42　编辑 skybox

图 3.43　完成天空盒子的制作

(16) 单击打开 FPSController 上的 First Person Controller 脚本按钮,选中其中的 MouseLook 类右击,选择转到定义,进入 MouseLook.cs 脚本,找到其中的 InternalLockUpdate() 方法,修改为如下所示,这样用户在运行第一人称时,可以按 Esc 键显示光标,光标显示后可以正常单击,右击后光标将隐藏。

```
private void InternalLockUpdate()
{
    if(Input.GetKeyUp(KeyCode.Escape) || Input.GetMouseButtonUp(0))
    {
        m_cursorIsLocked = false;
    }
    else if(Input.GetMouseButtonUp(1))
    {
        m_cursorIsLocked = true;
    }
```

```
if (m_cursorIsLocked)
{
    Cursor.lockState = CursorLockMode.Locked;
    Cursor.visible = false;
}
else if (!m_cursorIsLocked)
{
    Cursor.lockState = CursorLockMode.None;
    Cursor.visible = true;
}
}
```

（17）新建脚本 ShowUI，显示用户与展品交互后的 UI 效果。

```
using System.Collections;
using System.Collections.Generic;
using UnityEngine;
using UnityEngine.UI;

public class ShowUI : MonoBehaviour
{
    public Image showImg;
    public void Start()
    {
        showImg.gameObject.SetActive(false);
    }
    public void ShowImage()
    {
        showImg.gameObject.SetActive(true);
    }
}
```

（18）选中展馆中的各个展品，在 Inspector 面板中单击 Add Component 按钮，为展品添加 Box Collider 组件和 ShowUI 脚本。在 Layer 中新建 Item 层级，将展品改为 Item 层级。修改层级如图 3.44 所示。

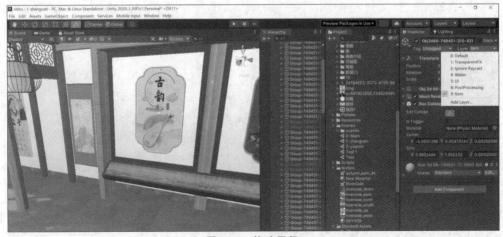

图 3.44　修改层级

（19）新建脚本 Hit，以射线检测的方法获取用户鼠标对展品的单击动作，实现用户与展品的交互效果。

```csharp
using System.Collections;
using System.Collections.Generic;
using UnityEngine;
using UnityEngine.UI;
using UnityStandardAssets.Characters.FirstPerson;
using UnityEngine.EventSystems;
public class Hit : MonoBehaviour
{
    private FirstPersonController fps;
    void Start()
    {
        fps = GetComponent<FirstPersonController>();
    }

    void Update()
    {
        if (Input.GetMouseButtonDown(0))
        {
            fps.enabled = false;
            Ray ray = Camera.main.ScreenPointToRay(Input.mousePosition);
            RaycastHit hit;
            bool isCollider = Physics.Raycast(ray, out hit, 1000, LayerMask
.GetMask("Item"));
            if (isCollider && !IsClickUI())
            {
                ShowUI showUI = hit.collider.GetComponent<ShowUI>();
                                            //得到单击的展品
                float dis = Vector3.Distance(showUI.transform.position,
transform.position);
                Debug.Log(dis);
                if (dis < 4f)
                {
                    showUI.ShowImage();
                }
            }
        }
        else if (Input.GetMouseButtonDown(1))
        {
            fps.enabled = true;
        }
    }
    ///<summary>
    ///检测是否单击在 UI 上
    ///</summary>
    ///<returns></returns>
    protected virtual bool IsClickUI()
```

```
        {
            if (EventSystem.current != null)      //单击了展品
            {
                PointerEventData eventData = new PointerEventData(EventSystem.
current);
                //对当前所单击到的展品数据进行获取和保存
                eventData.position = new Vector2(Input.mousePosition.x, Input.
mousePosition.y);
                List<RaycastResult> results = new List<RaycastResult>();
                EventSystem.current.RaycastAll(eventData, results);
                return results.Count > 0;
            }
            return false;
        }
}
```

（20）在 Hierarchy 面板中右击，在弹出的快捷菜单中执行 Create→UI→Image 命令，新建图片，单击 Image 修改其名称为"乐器"，将 Assest 内图片素材里的相关乐器背景图片，拖动至 Inspector 面板内的 Image 选项的 Source Image 卡槽中，单击 Rect Transform 中的田按钮，然后长按键盘上 Alt 键同时单击右下角的回按钮，使背景图片正好填充整个画面。将所有展品都设置完成后，开始制作 UI 展示界面，图片编辑如图 3.45 所示。

图 3.45　图片编辑

（21）在"乐器"Image 下右击，在弹出的快捷菜单中执行 Create→UI→Button 命令，新建 Button，修改名称为 Button-琵琶，将 Button 下的 Text 文本删除，执行 Assets→Image→"乐器"命令，找到琵琶的图片，拖动到 Button-琵琶的 Source Image 卡槽中，并单击 Set Native Size 按钮。同样的方法分别制作其他乐器的 Button，并调整 Button 位置。调整 Button 如图 3.46 所示。

（22）在"乐器"Image 下右击，在弹出的快捷菜单中执行 Create→UI→Image 命令，新

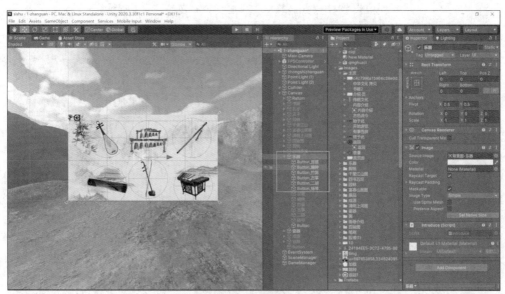

图 3.46　调整 Button

建图片,重复操作六次,完成后分别修改名称为"琵琶""编钟""竹苗""古筝""二胡""扬琴",
完成后执行 Assets→Image→"乐器"命令,找到名称为"琵琶""编钟""竹苗""古筝""二胡"
"扬琴"的图片,将图片"琵琶""编钟""竹苗""古筝""二胡""扬琴"相应地拖动到对应名称的
Inspector 面板内的 Image 组件的 Source Image 卡槽中,并单击 Set Native Size 按钮。调整
Image 如图 3.47 所示。

图 3.47　调整 Image

　　(23)选择"乐器"选项下的 Image 选项,右击 Hierarchy 面板空白处,在弹出的快捷菜单中
执行 Create→UI→Image 命令,新建图片,单击选项名称后修改名称为 return,执行 Assets→
Image 命令,找到名称为"返回"的图片,将图片拖动到 return 的 Inspector 面板内 Image 组件的
Source Image 卡槽中,并单击 Set Native Size 按钮。在 Inspector 面板中修改 return 的 Scale 值

为 0.25 * 0.25 * 1,并调整位置到(−425,260,0)。调整位置如图 3.48 所示。

图 3.48　调整位置

（24）在"乐器"的 Inspector 面板中单击 Add Component 按钮,添加 Introduce 脚本,然后为 return 按钮添加 On Click()事件,将乐器 Image 拖动到卡槽中,选择 Introduce.Hide 方法选项,单击 return 按钮后,乐器页面就会隐藏。隐藏页面如图 3.49 所示。

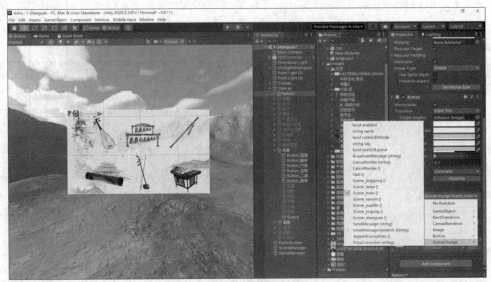

图 3.49　隐藏页面

（25）新建脚本 Yveqi,用来控制乐器声音播放和名称显示。

```
using System.Collections.Generic;
using UnityEngine;
using UnityEngine.UI;
public class Yveqi : MonoBehaviour
```

```
{
    public Image yveqiName;
    public AudioSource music;
    public AudioSource[] other;
    private void Start()
    {
        yveqiName.gameObject.SetActive(false);
        music = GetComponent<AudioSource>();
        other = FindObjectsOfType<AudioSource>();
    }
    public void MusicPlay()
    {
        for(int i=0;i<other.Length;i++)
        {
            other[i].Pause();
        }
        music.Play();
    }
    public void PointerEnter()
    {
        yveqiName.gameObject.SetActive(true);
    }
    public void PointerExit()
    {
        yveqiName.gameObject.SetActive(false);
    }
}
```

（26）在 Button-琵琶的 Inspector 面板中单击 Add Component 按钮，添加脚本 Yveqi，在 Hierarchy 面板中将琵琶 Image 拖动到 Yveqi Name 的卡槽中，在 Button-琵琶的 Inspector 面板中单击 Add Component 按钮添加 Audio Source 组件，在 Assets→Audio 中找到琵琶的声音片段，拖动到 Audio Source 的 AudioClip 卡槽中，将 Hierarchy 面板中的 Button-琵琶拖动到 Yveqi 的 Music 卡槽中。编辑 Button-琵琶如图 3.50 所示。

图 3.50　编辑 Button-琵琶

（27）在 Button-琵琶 的 Inspector 面板中单击＋按钮添加 On Click（）事件，将 Hierarchy 面板中的 Button-琵琶拖动到 On Click（）的卡槽中，并选择 Yveqi.MusicPlay 方法选项。添加 On Click（）事件如图 3.51 所示。

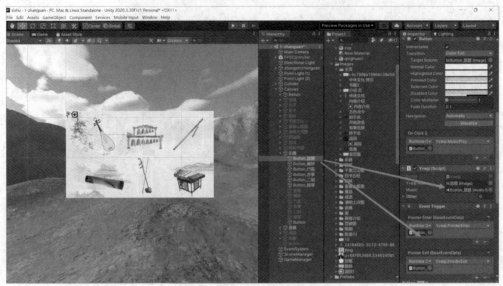

图 3.51　添加 On Click（）事件

（28）在 Button-琵琶 的 Inspector 面板中单击 Add Component 按钮，添加 Event Trigger 组件，单击 Event Trigger 中的 Add New Event Type 按钮，添加 Pointer Enter 和 Pointer Exit。添加组件如图 3.52 所示。

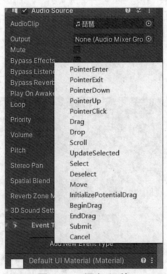

图 3.52　添加组件

（29）为 PointerEnter 和 PointerExit 添加触发事件，这样就实现了鼠标进入触发区域显示乐器名称的效果。相同的方法制作其他按钮。最后隐藏"乐器"Image，默认不显示。隐藏 Image 如图 3.53 所示。

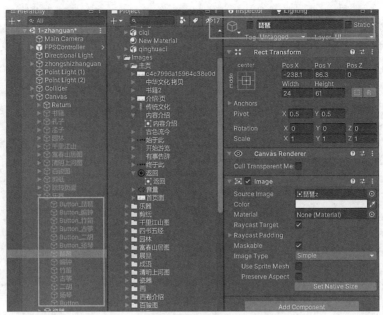

图 3.53　隐藏 Image

（30）在乐器展板的 Inspector 面板中单击 Add Component 按钮添加 ShowUI 脚本，将已经制作好并隐藏的"乐器"Image 拖动到 ShowUI 的卡槽中。实现单击展板出现乐器播放的界面。播放界面如图 3.54 所示。

图 3.54　播放界面

（31）在 Hierarchy 面板中右击，在弹出的快捷菜单中执行 Create→UI→Image 命令，新建 Image，修改名称为"千里江山"，将图片素材里的"背景"拖动到 Inspector 面板内 Image 组件的 Source Image 卡槽中，单击 Rect Transform 中的■按钮，然后长按键盘上的 Alt 键同时点击右下角的■按钮。填充效果如图 3.55 所示。

（32）在"千里江山"Image 的 Inspector 面板上单击 Add Component 按钮，添加 Introduce

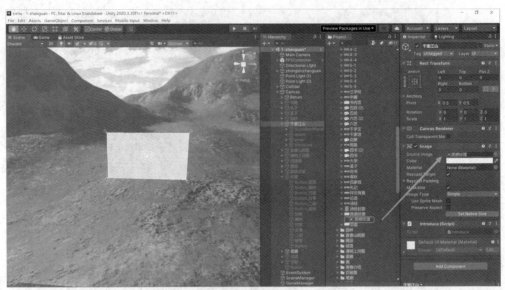

图 3.55　填充效果

脚本,并右击"千里江山",在弹出的快捷菜单中执行 Create→UI→Button 命令,修改名称为 return,新建 return 按钮作为"千里江山"的子集,单击 return 按钮注册事件,控制 Image 的隐藏。编辑 return 按钮如图 3.56 所示。

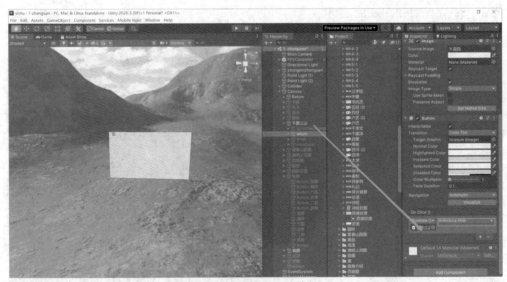

图 3.56　编辑 return 按钮

（33）执行 Create→UI→Panel 命令,创建一个 Panel,修改名称为 ScrollRectPanel,调整大小到合适位置。先右击,在弹出的快捷菜单中执行 Rect Transform→Reset 命令,再单击 Add Component 按钮添加 Scroll Rect 组件。勾选 Horizontal 复选框,表示只可以在 X 轴方向滑动。勾选 Horizontal 复选框如图 3.57 所示。

（34）然后选中 ScrollRectPanel 选项,右击,在弹出的快捷菜单中执行 Create→UI→Panel 命令,添加一个 Panel 组件作为子集,并修改其名称为 HorizontalLayoutPanel,单击

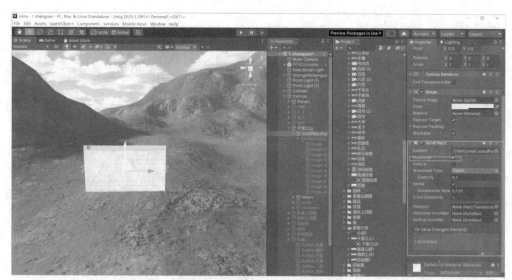

图 3.57 勾选 Horizontal 复选框

按钮选择 Reset 选项,拉伸长度,完成后单击 Add Component 按钮,搜索并添加 Horizontal Layout Group 组件。然后选中 ScrollRectPanel,将 HorzontalLayoutPanel 拖动到 Scroll Rect 的 Content 卡槽中。添加一个 Panel 如图 3.58 所示。

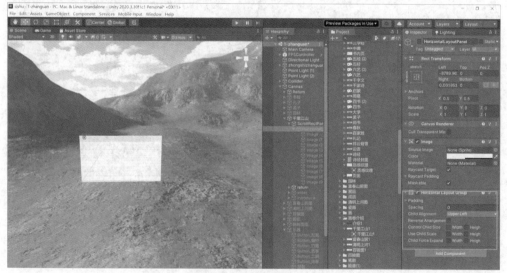

图 3.58 添加一个 Panel

(35) 右击 Hierarchy 面板空白处,在弹出的快捷菜单 HorzontalLayoutPanel 中执行 Create→UI→Image 命令,添加 Image 作为子集,在 Image 的 Inspector 面板上单击 Add Component 按钮添加 LayoutElement 组件,按 Ctrl+D 组合键复制多个,把"千里江山"图片素材拖动到 Image 的 Source Image 卡槽中,调整大小。拖动如图 3.59 所示。

(36) 右击 Canvas,在弹出的快捷菜单中执行 Create→UI→Button 命令,新建一个 Button,更改名称为"画卷介绍",在 Image→"画卷介绍"中,找到"画卷介绍"Button,拖动到 Source Image 中。新建 Button 如图 3.60 所示。

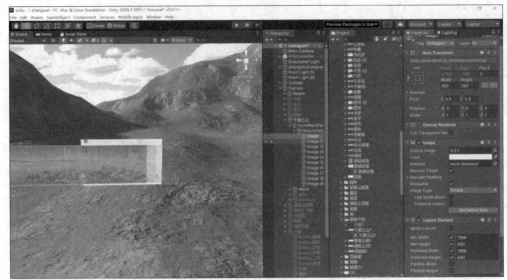

图 3.59　拖动

图 3.60　新建 Button

（37）在"千里江山"下执行 Create→UI→Image 命令，新建一个 Image，修改名称为 Introduce，添加背景，同样的方法，在 Introduce 下执行 Create→UI→Panel 命令，新建一个 Panel 并修改名称为 ScrollRectPanel，调整合适的大小，并在 Panel 上单击 Add Component 按钮添加 Scroll Rect 组件。勾选 Horizontal 复选框。然后选中 ScrollRectPanel 选项，右击，在弹出的快捷菜单中执行 Create→UI→Panel 命令，添加一个 Panel 组件作为子集，并修改名称为 HorizontalLayoutPanel，单击 ⋮ 按钮选择 Reset 选项，拉伸长度，完成后单击 Add Component 按钮，搜索并添加 Horizontal Layout Group 组件。然后选中 ScrollRectPanel，将 HorizontalLayoutPanel 拖动到 Scroll Rect 的 Content 卡槽中。把图片素材中的"千里江山"拖动到 Source Image 的卡槽中。拖动素材如图 3.61 所示。

（38）单击 Introduce 按钮后，在右方 Inspector 面板上单击 Add Component 按钮添加 Introduce 脚本，并右击，在弹出的快捷菜单中执行 Create→UI→Button 命令，新建返回

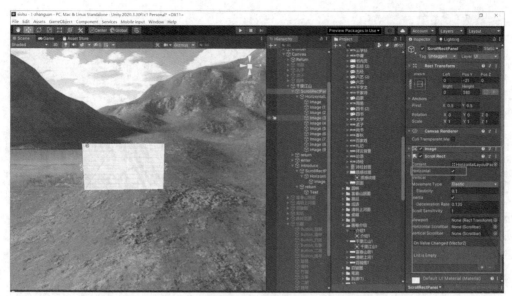

图 3.61 拖动素材

Button,作为 Introduce 图片的子集。给 Button 添加单击事件,控制 Introduce 的隐藏。返回 Button 如图 3.62 所示。

图 3.62 返回 Button

(39) 给"画卷介绍"Button 添加单击事件,用该按钮控制 Introduce 图片的显示。将 Introduce 拖动到"千里江山"Image 的下面,作为它的子集,之后隐藏"千里江山"Image。添加单击事件如图 3.63 所示。

(40) 在场景中为展示画卷的物体添加碰撞盒,单击 Add Component 按钮添加 Box Collider 组件和 ShowUI 脚本,并将展品改为 Item 层级。相同的方法制作"富春山居图" "清明上河图"和"百骏图"。添加 Box Collider 如图 3.64 所示。

(41) 在 Hierarchy 面板中右击,在弹出的快捷菜单中执行 Create→UI→Image 命令,新

图 3.63　添加单击事件

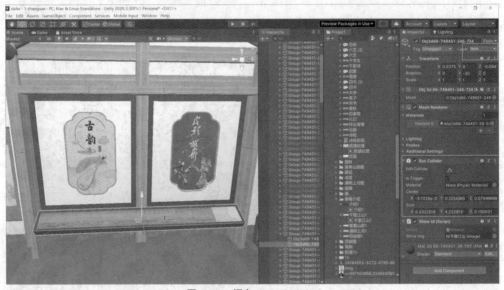

图 3.64　添加 Box Collider

建 Image，修改名称为"园林"，将图片素材里的"屋檐"拖动到 Inspector 面板内 Image 组件的 Source Image 卡槽中，单击 Rect Transform 中的▣按钮，然后长按键盘上 Alt 键同时单击右下角的▣按钮。在"园林"层级下新建两个 Button，分别命名为 return 和 enter，在图片素材的"园林"中找到"返回展厅"和"进入园林"两张图片，分别拖动到 Source Image 卡槽中，并把 Button 调整到合适的位置。调整图片如图 3.65 所示。

　　（42）在"园林"下右击，在弹出的快捷菜单中执行 Create→UI→Image 命令，新建一个 Image，更改名称为"亭"，调整到合适的位置和尺寸，并将图片的不透明度调整为 0%。改变透明度如图 3.66 所示。

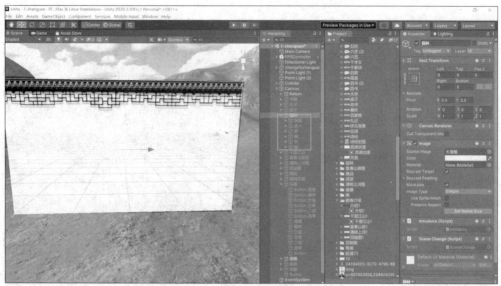

图 3.65 调整图片

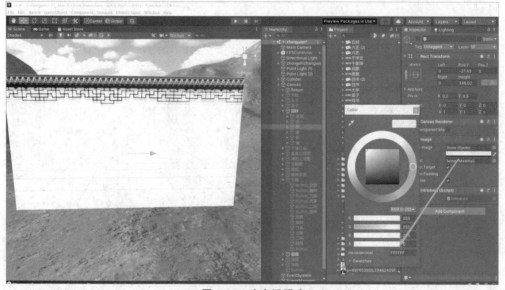

图 3.66 改变透明度

（43）在"亭"Image 下右击，在弹出的快捷菜单中执行 Create→UI→Image 命令，新建一个 Image 作为子集，找到图片素材里的"亭"拖动到 Image 的 Source Image 卡槽中，在 Image"亭"下右击，在弹出的快捷菜单中执行 Create→UI→Button 命令，同时新建两个 Button，把"园林"素材里的"向左"和"向右"拖动到卡槽中，并将 Image、"向左"和"向右"两个 Button 调整到合适的位置。同样的方法制作"廊""桥""窗"，只需要更换 Image 内容。更换内容如图 3.67 所示。

（44）在"亭""廊""桥""窗"四张 Image 的 Inspector 面板上单击 Add Component 按钮添加 Introduce 脚本。为"向左"和"向右"的 Button 分别添加单击事件。以"亭"中的"向右"

图 3.67　更换内容

按钮为例，单击"向右"按钮，当前"亭"界面隐藏，"廊"界面显示，当单击"廊"中"向左"按钮时，则是"廊"界面隐藏，"亭"界面显示。自由设定四个界面的排序。设定排序如图 3.68 所示。

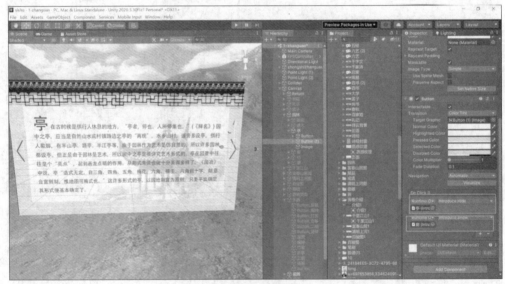

图 3.68　设定排序

（45）在"园林"Image 的 Inspector 面板上单击 Add Component 按钮添加 Introduce 和 SceneChange 脚本，给 return 和 enter 添加单击事件，当单击"返回展馆"按钮时，当前"园林"介绍界面就会隐藏。当单击"进入园林"按钮后，场景跳转到园林场景。场景跳转如图 3.69 所示。

（46）隐藏"园林"Image，在 3D 场景中，在"园林"介绍的 Inspector 面板上单击 Add Component 按钮添加碰撞体，更改 Layer 层级，添加 ShowUI 脚本，并把刚做好的"园林"

图 3.69 场景跳转

Image 拖动到 ShowImg 的卡槽中。添加碰撞体如图 3.70 所示。

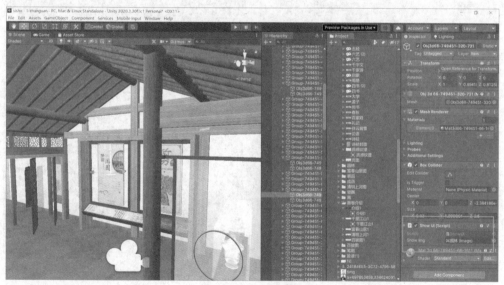

图 3.70 添加碰撞体

(47) 打开场景 2-yuanlin,在模型素材中执行 Models→yuanlin 命令,将 yuanlin 模型拖动到 Hierarchy 面板中,并把场景中的天空盒子更换成之前制作的天空盒子,更换天空盒子如图 3.71 所示。

(48) 选中场景的道路部分,选择静态(Static)下拉选项中的 Navigation Static 选项。修改道路如图 3.72 所示。

(49) 在 Hierarchy 面板中右击,在弹出的快捷菜单中执行 Create→3D Object→Capsule 命令,并修改名称为 Player,同时修改 Tag 为 Player,作为主角。取消勾选 Player 的 MeshRenderer,单击 Add Component 按钮给 Player 添加 Rigidbody 和 NavMeshAgent

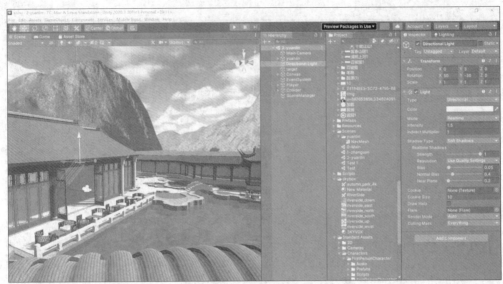

图 3.71　更换天空盒子

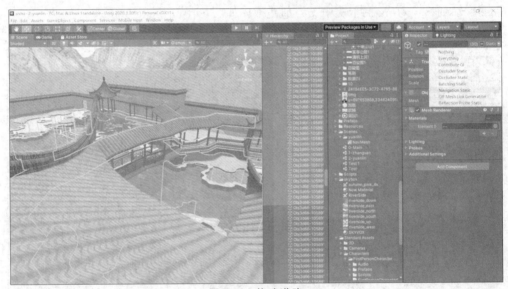

图 3.72　修改道路

组件，可以调整 NavNavMeshAgent 组件下的速度和加速度等参数。Hierarchy 面板参数如图 3.73 所示。

（50）在 Player 下执行 Create→Camera 命令，创建一个摄像机作为子集，通过摄像机视野，调整摄像机如图 3.74 所示。

（51）新建脚本 Navigation，拖动到 Player 上。

（52）在场景合适的位置执行 Create→3D Object→Cube 命令，新建一个 Cube，作为终点，把 Cube 拖动到 Navigation 的 Target 卡槽中，为了美观，可以取消勾选 Cube 的 MeshRenderer 组件。新建 Cube 如图 3.75 所示。

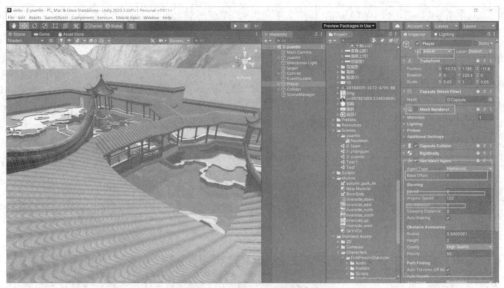

图 3.73 Hierarchy 面板参数

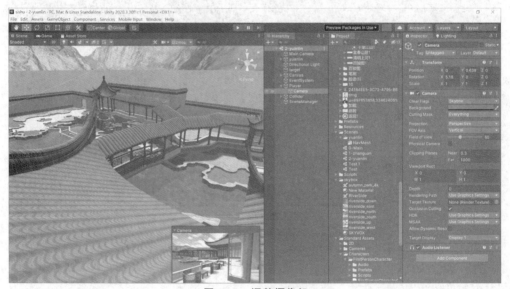

图 3.74 调整摄像机

```csharp
using System.Collections;
using System.Collections.Generic;
using UnityEngine;
using UnityEngine.AI;

public class Navigation : MonoBehaviour
{
    public Transform target;
    private NavMeshAgent nav;
```

```
        private void Start()
        {
            nav = this.GetComponent<NavMeshAgent>();
        }

        private void Update()
        {
            if (target && nav)
            {
                nav.SetDestination(target.transform.position);
            }
        }
    }
```

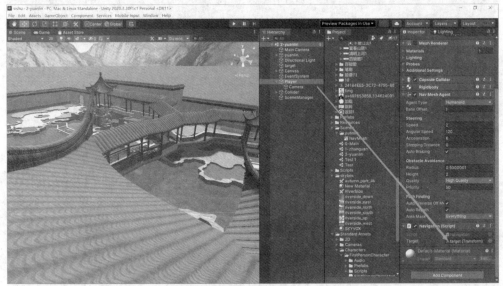

图 3.75　新建 Cube

（53）在顶部菜单栏中执行 Windows→AI→Navigation 命令，打开 Navigation 面板，选中其中的 Bake 选项后，在 Bake 面板中单击 Bake 按钮烘焙，显示导航网格。烘焙如图 3.76 所示，重新烘焙如图 3.77 所示。

（54）在 Bake 面板中有一些参数，如下所示。通过调整这些参数，完成路径烘焙。这样在运行时，Player 就可以自行运动前往目标点，通过摄像机视角，使用户有第一人称游览的体验效果。调整参数如图 3.78 所示。

Radius：具有代表性的物体半径，半径越小生成的网格面积越大。

Height：具有代表性的物体的高度。

Max Slope：斜坡的坡度。

Ste Height：台阶高度。

Drop Height：允许最大的下落距离。

Jump Distance：允许最大的跳跃距离。

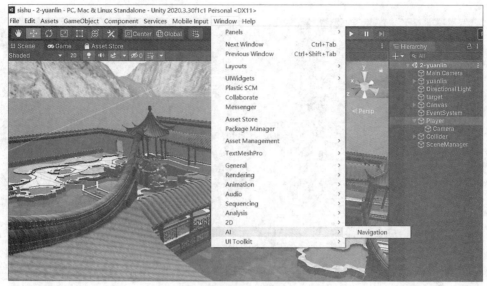

图 3.76 烘焙

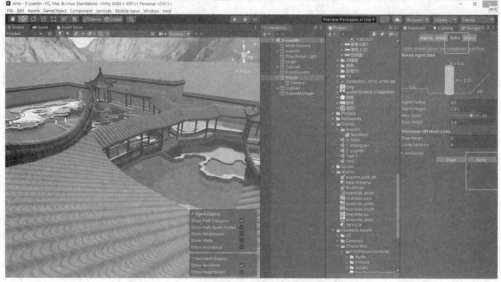

图 3.77 重新烘焙

Min Region Area：网格面积小于该值则不生成导航网格。

Width Inaccuracy：允许最大宽度的误差。

Height Inaccuracy：允许最大高度的误差。

Height Mesh：勾选后会保存高度信息,同时会消耗一些性能和存储空间。

（55）执行 Create→UI→Button 命令,新建一个 Button,修改名称为 return,单击 return 按钮后,在右方 Inspector 面板上单击 Add Component 按钮添加 SceneChange 脚本,同时添加单击事件,当单击 return 按钮时,场景跳转回展馆场景。跳转 Button 如图 3.79 所示。

（56）在 Hierarchy 面板中空白处右击,在弹出的快捷菜单中执行 Create→UI→Panel

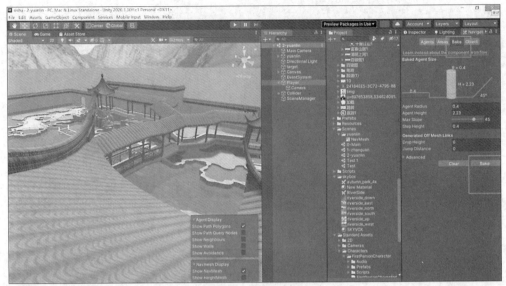

图 3.78　调整参数

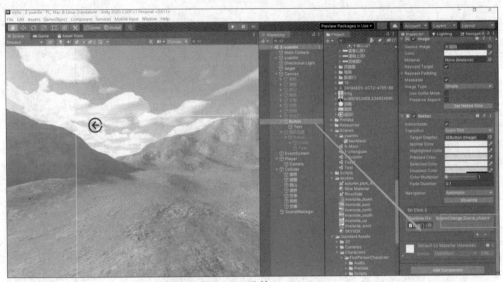

图 3.79　跳转 Button

命令，新建一个 Panel，单击修改名称为"廊桥"，在"廊桥"选项下右击，在弹出的快捷菜单中执行 Create→UI→Button 命令，新建一个 Button 作为它的子集，调整 Button 的位置和尺寸，右击 Text，在弹出的快捷菜单中选择 Delete 选项，删除 Button 层级下的 Text。新建一个 Panel 如图 3.80 所示。

（57）在 Button 下执行 Create→UI→Image 命令，新建两个 Image，在图片素材的"园林介绍"里找到"廊桥"和"廊桥介绍"两张图片，拖动到 Source Image 的卡槽中，调整位置和大小，也可以调整 Button 的 Alpha 值，改变 Button 的不透明度，进行美化。调整大小如图 3.81 所示。

（58）按照相同的方法制作"漏窗""假山""曲桥""方亭""拱桥""空廊"等 Panel。之后将

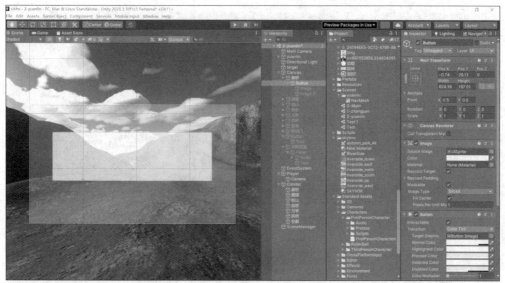

图 3.80　新建一个 Panel

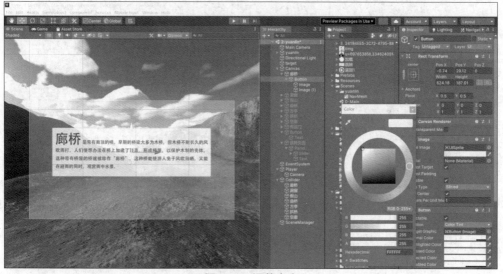

图 3.81　调整大小

做好的 Panel 全都隐藏。隐藏如图 3.82 所示。

（59）在 Hierarchy 面板中执行 Create→Create Empty 命令，新建一个空物体，修改名称为 Collider。执行 Create→3D Object→Cube 命令，新建一个 Cube 作为 Collider 的子集，修改名称为"廊桥"。在 3D 场景中找到廊桥景观的位置，调整 Cube 的大小和位置，使 Player 运动过程中经过"廊桥"时，可以碰到 Cube。Collider 如图 3.83 所示。

（60）取消勾选 Cube 的 MeshRenderer 组件，这样 Cube 还存在于场景中，但是不显示。勾选 Box Collider 组件下的 Is Trigger 选项，如图 3.84 所示。

（61）新建脚本 PlayerStop。

图 3.82　隐藏

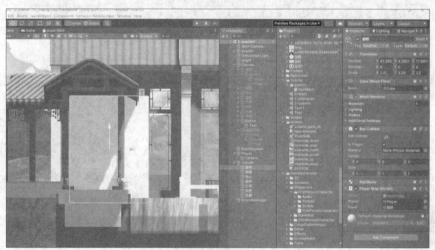

图 3.83　Collider

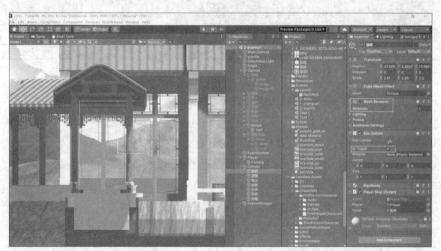

图 3.84　勾选 Box Collider 组件下的 Js Trigger 选项

```
using System.Collections;
using System.Collections.Generic;
using UnityEngine;
using UnityEngine.AI;
public class PlayerStop : MonoBehaviour
{
    public GameObject Player;
    public GameObject Panel;
    private NavMeshAgent nav;
    private void Start()
    {
        nav = Player.GetComponent<NavMeshAgent>();
    }
    private void OnTriggerEnter(Collider other)
    {
        if (other.tag == "Player")
        {
            Panel.SetActive(true);
            nav.speed = 0;
        }
    }
    public void NextPos()
    {
        Panel.SetActive(false);
        nav.speed = 2;
    }
}
```

（62）在 Cube 的 Inspector 面板中单击 Add Component 按钮添加 PlayerStop 脚本，并把 Player 和之前做好的"廊桥"Panel 拖动到卡槽中。这样就实现了 Player 走到触发区停止，显现之前做好的"廊桥介绍"Panel。给 Cube 添加 PlayerStop 脚本如图 3.85 所示。

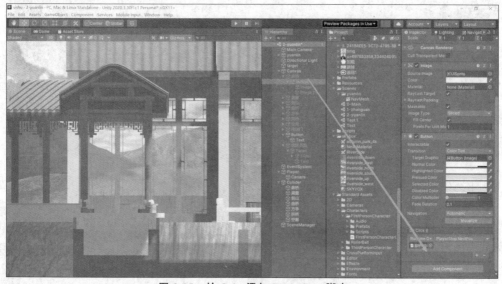

图 3.85　给 Cube 添加 PlayerStop 脚本

（63）给之前做好的 Panel 中的 Button 添加单击事件，当用户单击 Button 按钮后，Player 将继续运动。添加单击事件如图 3.86 所示。

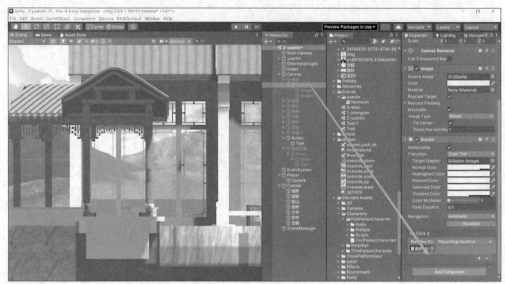

图 3.86　添加单击事件

（64）按照相同的方法制作其他 Cube 触发器，运行测试达到理想效果。其他 Cube 触发器如图 3.87 所示。

图 3.87　其他 Cube 触发器

（65）新建脚本 ChuanSongMen。将脚本挂载到目标位置的 Cube 上。

```
using System.Collections;
using System.Collections.Generic;
using UnityEngine;
```

```
using UnityEngine.UI;
public class ChuanSongMen : MonoBehaviour
{
    public Image img;
    private void OnTriggerEnter(Collider other)
    {
        img.gameObject.SetActive(true);
    }
}
```

（66）新建一个 Panel，并在 Panel 下执行 Create→UI→Button 命令，新建一个 Button 作为子集。在图片素材中找到"笔刷"，将"笔刷2"作为 Button 的 Source Image。调整到合适的位置和尺寸。将 Button 下 Text 文字内容修改为"返回展馆"，并调整到合适的颜色和尺寸。新建一个 Panel 如图 3.88 所示。

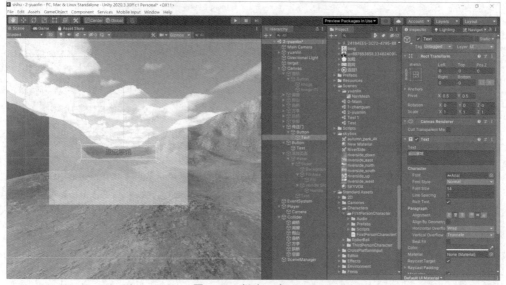

图 3.88　新建一个 Panel

（67）在 Button 的 Inspector 面板上单击 Add Component 按钮添加 SceneChange 脚本，并添加单击事件，当单击 Button 按钮后，用户会回到展馆场景。添加 SceneChange 脚本如图 3.89 所示。

（68）将制作好后的 Panel 隐藏，并拖动到目标点 Cube 的 ChuanSongMen 组件的 Image 卡槽中。这样用户在到达目标点后，就会显示之前制作的 Panel。拖动如图 3.90 所示。

（69）返回到 1-zhanguan 场景，右击 Hieratchy 面板空白处，在弹出的快捷菜单中执行 Create→UI→Image 命令，新建一个 Image，单击修改名称为"成语"，将图片素材里的"成语"→"背景"拖动到 Inspector 面板下 Image 组件的 Source Image 卡槽中，单击 Rect Transform 中的■按钮，然后长按键盘上 Alt 键同时单击右下角的■按钮，使背景图片正好填充整个画面。按照之前的方法制作 return 按钮。给"成语"Image 添加 Introduce 脚本，给 return 添加单击事件，选择 Hide 方法选项。Hide 方法如图 3.91 所示。

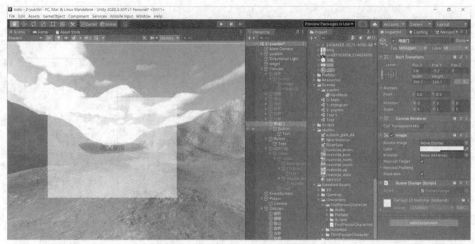

图 3.89　添加 SceneChange 脚本

图 3.90　拖动

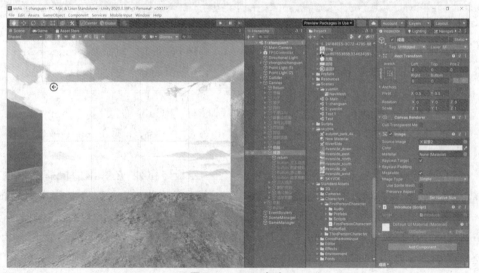

图 3.91　Hide 方法

　　(70) 在"成语"Image 下右击,在弹出的快捷菜单中执行 Create→UI→Button 命令,新
建四个 Button,分别更改名称为"Button-三人成虎""Button-滥竽充数""Button-愚公移山"
和"Button-黔驴技穷"。并执行 Text→Delete 命令,删除 Button 层级下的 Text。新建四个
Button 如图 3.92 所示。

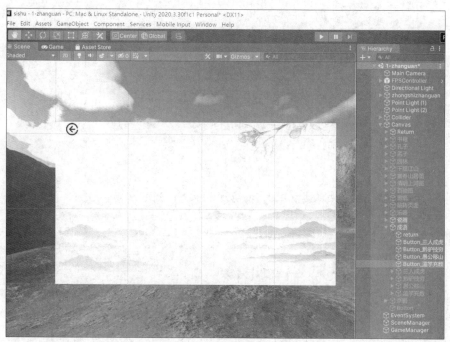

图 3.92　新建四个 Button

　　(71) 在图片素材的"成语"文件夹下,找到对应的成语故事图片,拖动到 Button 的
Source Image 卡槽中。拖动如图 3.93 所示。

图 3.93　拖动

（72）新建脚本 VideoPlayOnUI。

```
using System.Collections;
using System.Collections.Generic;
using UnityEngine;
using UnityEngine.Video;
using UnityEngine.UI;
public class VideoPlayOnUI : MonoBehaviour
{
    private VideoPlayer videoPlayer;
    private RawImage rawImage;
    void Start()
    {
        videoPlayer = this.GetComponent<VideoPlayer>();
        rawImage = this.GetComponent<RawImage>();
    }
    void Update()
    {
        //如果 videoPlayer 没有对应的视频 texture,则返回
        if (videoPlayer.texture == null)
        {
            return;
        }
        //把 VideoPlayerd 的视频渲染到 UGUI 的 RawImage
        rawImage.texture = videoPlayer.texture;
    }
}
```

（73）在"成语"Image 层级下,执行 Create→UI→Raw Image 命令,新建 Raw Image,修改名称为"三人成虎",单击 Rect Transform 中的图标按钮,然后按住 Alt 键选择右下角的拉伸模式选项,使背景图片正好填充整个画面。按照之前的方法制作 return 按钮作为 Raw Image 的子集。在 Raw Image 的 Inspector 面板上单击 Add Component 按钮,添加 Introduce 脚本,给return 添加单击事件,选择 Hide 方法选项。新建 Raw Image 如图 3.94 所示。

图 3.94 新建 Raw Image

（74）在"三人成虎"Row Image 的 Inspector 面板上单击 Add Component 按钮，添加 VideoPlayOnUI 脚本和 Video Player 组件，并把视频素材里的"三人成虎"视频拖动到 Video Player 组件的 Video Clip 卡槽中。

（75）按照相同的方法，制作"愚公移山""滥竽充数""黔驴技穷"的 Raw Image 界面。全部完成后隐藏四个 Raw Image。隐藏四个 Raw Image 如图 3.95 所示。

图 3.95 隐藏四个 Raw Image

（76）给"Button-三人成虎"添加单击事件。选择 Introduce 中的 Show 方法选项，这样在单击按钮之后，就会出现视频播放界面。Show 方法如图 3.96 所示。

图 3.96 Show 方法

（77）使用相同方法为其他三个按钮添加单击事件，之后隐藏"成语"Image。单击运行，就可以和展馆展板进行交互了。

以上即为《古色流今》传统文化展馆案例的设计开发的全过程，在项目制作过程中根据书中步骤即可完成完整项目制作，熟练后可尝试将本案例中相关代码应用到个人原创项目中。

3.6　本章小结

本章主要针对人机交互技术的视觉、听觉和简单的人工智能的应用介绍，阐述了通过概念模型的方法在 Unity 3D 中搭建人机交互系统，《古色流今》传统文化展馆项目对接下来的学习和案例的制作具有一定的参考价值。该案例能够将视觉、听觉、导航网格中的五级项目都融入其中，带梯度地进行学习。

同时提供了具有一定实用价值的项目搭建过程，传统文化展馆的构建，不仅仅从娱乐应用的角度出发，提供给用户进行操作学习，还能够从严肃游戏的角度出发，为虚拟展馆和传统文化的科普提供一定的支持，在教学过程中重视对学生的启发式教育。

3.7　课后作业

（1）根据声音交互，插入任何一段音频文件进行声音可视化的显示，通过方块、球形以及其他自己设置的图形在 Unity 3D 中显示声音。

（2）掌握人机交互中的视觉、听觉以及概念模型等对交互系统的影响的理论知识；灵活应用导航网格的知识，90 度以上的坡度寻路可自己练习。

（3）运用 Unity 3D 引擎，模拟坦克虚拟仿真系统搭建虚拟环境，学生自主设计具有实际应用价值的虚拟交互环境，学生自主选择如下命题：海洋环境、人工智能畅想、文化传承等。进行 UI 元素自主设计，并合理设置交互环节，充分运用视觉、听觉等元素对虚拟环境的影响，来使整体项目更加完整。

第 4 章

基于Leap Motion手势识别的人机交互

随着人机交互技术的发展,人们的关注点越来越趋于自然的交互技术。体感交互作为一种最自然的人机交互方式逐渐得到人们的重视,体感交互可以将用户体验从平面世界延展到 3D 空间的互动体验,Leap Motion 是带有两个摄像头和红外传感器的体感控制器,能高精度实时地侦测手、手指工具的位置对手势进行识别,为体感项目的开发提供了一个可靠的途径。Leap Motion 是面向 PC 和 Mac 的体感制造公司 Leap 在 2013 年 2 月 27 日发布的基于视觉的体感传感器。用户无须额外复杂的操作,只需挥动手指即可实现网页浏览、照片翻看、文章阅读以及音乐播放的功能,也可以实现使用指尖进行书写、绘画设计等功能。Leap Motion 支持市面上大部分主流的操作系统,用户可以通过手势语义来控制 PC。目前Leap Motion 已支持的游戏或者软件已包括了 Disney、Autodesk、Google 等公司旗下子公司所开发的软件和游戏。与 Kinect 相比,尽管 Leap Motion 使用类似的红外摄像技术,但Leap Motion 对手部的识别更精确,其精小、准确的设计专门用来捕捉手的动作,其传感器视角大约为 150 度,有效的检测范围约为设备上方 0.03~0.6 米。它通过 LED 的红外光反射可以追踪约 1 米直径内的手部以及 10 根手指 3D 坐标信息。Leap Motion 设备可以每秒捕捉 215 帧数据,并且其位置精度高达 0.01 毫米。其 API 支持多语言平台,允许访问原始数据,如查询手指的 3D 坐标信息、手的握力值、手的旋转角度等,有助于构建一个数据集来实现和分析手势的识别算法。

本章通过 Unity 3D 环境对传统操作方式进行初步开发,包括交互场景和角色的创建、模型导入、各个交互界面的设计与控制,以及最主要的角色功能的实现。然后,在群组行为中应用 Leap Motion 的控制,摆脱了传统的键盘和鼠标的束缚。

教学的重点和难点
- Leap Motion 基本手势控制函数;
- Leap Motion 与 Unity 3D 的交互;
- Leap Motion 在虚拟交互系统中的应用以及对于基本 AI 群组行为的控制。

学习指导建议

- 重点掌握 Leap Motion 基本手势控制函数,能够替换不同的手部模型控制场景中的物体
- 将 Leap Motion 与 Unity 3D 进行连接,能够理解相关的参数设定,并且能够熟练地掌握位移、换色等基本操作;
- 强化练习 Leap Motion 的使用,通过相关的粒子特效案例增加趣味性、通过群组行为的控制使其和其他知识单元能够紧密结合,并且能够掌握相关的可穿戴设备的优缺点,参加各项学科赛事;
- 本章的学习建议在实验室环境中进行,能够结合相应的设备进行不断地测试,建议读者先学习本章的基础知识,最后再通过本书的配套资源进行不断的演练和强化。

视频讲解

4.1 Leap Motion 技术介绍

Leap Motion 是体感控制器制造公司 Leap 发布的体感控制器,于 2013 年 5 月 13 日正式上市。Leap Motion Controller 是一款 USB 设备,它能够感知双手在空气中的自然移动,即精确跟踪手和手指的运动,它以全新的方式控制计算机,可任意点按、摆动、拿取、抓握,或者拾取一样东西并移动它,它带来了全新、动感的精彩体验。Leap Motion 也是当前市面上较新的且正在进一步研发的一项科技创新。Leap Motion 与 Unity 3D 的结合产生了一股体感游戏的热潮,随着新媒体艺术的发展,它也被广泛地应用于各类互动展览中。Leap Motion 官方 Logo 如图 4.1 所示。

- **技术原理**

Leap Motion 传感器中内置两个摄像头,它们会从不同角度捕捉画面,通过复杂的软件算法重建出手指在真实 3D 空间的运动信息。当然在学习的过程中无须了解其识别手指的内部结构,但是要知道它能检测到的范围大致处于传感器上 25～600 毫米,呈一个倒四棱锥的空间。

Leap Motion 建立了一个直角坐标系,以传感器的中心作为坐标的原点,X 轴平行于传感器,指向屏幕右方,Y 轴垂直指向空间上方,Z 轴指向背离计算机屏幕的方向,单位为毫米,Leap Motion 的直角坐标系如图 4.2 所示。

图 4.1 Leap Motion 官方 Logo   图 4.2 Leap Motion 的直角坐标系

在使用过程中,传感器向 PC 定期发送手指的运动信息,每份信息称为帧(Frame)。每帧信息包含所有手掌的列表和信息、所有手指的列表和信息、手持工具的列表和信息、所有可指向对象的列表及信息。Leap Motion 传感器会先给所有对象分配一个唯一标识 ID。

根据 ID,Frame::hand()、Fame::finger()等函数可查询每个运动对象信息。Leap

Motion 根据当前帧和前一帧检测到的数据,生成旋转的轴向向量、旋转的角度、平移向量、缩放因子等数据,并分析出运动信息。

- **技术特点**

Leap Motion 传感器可以捕捉 10 根手指的所有动作,精度高达 0.01 毫米。它的灵敏度比现在自主研发的识别模块高很多,因此可以根据其丰富的功能,进行艺术作品的创作、互动游戏的开发等。

Leap Motion 拥有 150 度的超级大的空间视觉运动捕捉范围,可以随意地在 3D 空间内移动双手,不会有拘束感。可以和虚拟环境中的物体互动,移动、旋转它们,甚至可以更改视角。

Leap Motion 能够以每秒 200 帧以上的速度捕捉到手部运动,并且显示出来,这种显示的精度,给良好的视觉体验提供了保障,能够实时地和虚拟世界进行完美互动。

- **官网学习指导**

Leap Motion 官方网站中包括技术、开发者、博客、案例等分类,可用于 Leap Motion 开发和娱乐等体验。在游戏上,通过手指在空中的挥动,让切水果、割绳子游戏更显魅力,让游戏爱好者畅快自如、无所阻碍地玩游戏,尽情享受其中的爽快与自由。还可以通过 FrogDissection 应用解剖一只数字青蛙,通过这样模拟化的操作,从而学到很多知识,当把整个网站拖动到最下方,会看到给开发者提供的开发工具包,可以连接 Unity 3D,也可以连接虚幻引擎,Leap Motion 官网展示图如图 4.3 所示。

图 4.3　Leap Motion 官网展示图

在开发过程中,要注意,由于 Z 轴方向和 Unity 3D 的空间坐标系刚好相反,所以在处理上要记得转换 Z 轴的相关数值。Leap Motion 手势检测原理如图 4.4 所示。

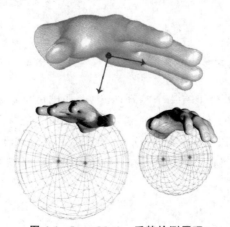

图 4.4　Leap Motion 手势检测原理

视频讲解

4.2　Leap Motion 的手势识别

Leap Motion 本身内建的手势辨识有四种，分别为 Circle、Swipe、KeyTap、ScreenTap。

Circle 是让手指画圆的手势，无论是顺时针或是逆时针都可以。Leap Motion 官网上有指导如何更进一步解析画圆的人工 Script 撰写方式，包含判断顺、逆时针和圆的经度、绘画间隔角度等。Circle 手势如图 4.5 所示。

Swipe 是让手指快速扫过的手势，可以用不同的方向来进行横扫动作，Swipe 手势如图 4.6 所示。

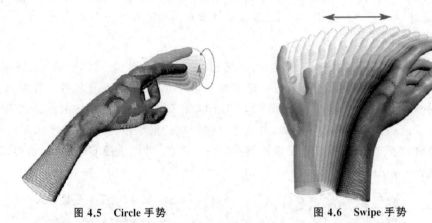

图 4.5　Circle 手势　　　　　　　　　图 4.6　Swipe 手势

KeyTap 是让手指打钩的手势，就像弹钢琴一样，判断手指是否快速单击，KeyTap 手势如图 4.7 所示。

ScreenTap 是让手指单击前方的手势，就像是单击前方不存在的虚拟触控屏幕一样，ScreenTap 手势如图 4.8 所示。

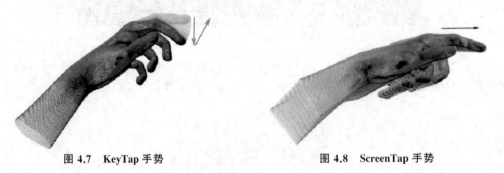

图 4.7　KeyTap 手势　　　　　　　　　图 4.8　ScreenTap 手势

Leap Motion 在深度处理上有一个特别的地方，如同鼠标有悬浮在按钮上（Hovering）和单击在按钮上（Touching）这两种状态一样，Leap Motion 也可获取仿真这两种状态的信息。依照手指在 Z 轴上的深度位移状况，分 Hovering 和 Touching 两个区域。Leap Motion 的装置可视范围是倒立的锥形，而在这之内可精准控制的范围被称为 interaction Box。

4.3 Leap Motion 手势识别讲解

在本书中,针对 Leap Motion 的开发,主要在 Unity 3D 开发环境中进行,那么首先对操作环境进行简单的匹配。

Leap Motion 官网 API 提供四种手势识别:Circle(画圈)、KeyTap(向下单击)、ScreenTap(屏幕单击)、Swipe(翻转)。手势类的子类定义了由运动控制器识别的特定运动模式的属性,子类包括:CircleGesture()一个手指的圆周运动;SwipeGesture()一条直线运动的手和手指展开;ScreenTapGesture()手指向前运动;KeyTapGesture()手指向下的敲击动作。以 SwipeGesture 为例,每个手指或工具的滑动代表一个 SwipeGesture 对象。手势是连续的,当手势继续时,在每帧中都会出现一个相同的 ID 表示手势对象。SwipeGesture 类手势表现如图 4.9 所示。

KeyTapGesture 继承自 Gesture(),KeyTapGesture 类用手指或工具代表一次单击操作,一个关键的单击手势识别是:手指尖滑向手掌心,在弹回原来位置,单击之前必须停顿一下。按键单击手势是离散的,在离开之后效果则不会出现。描述单击的 KeyTapGesture 对象总是会有停止的状态:STATE_STOP。每个识别了的按键单击手势只创建一个 KeyTapGesture 对象。KeyTapGesture 类手势表现如图 4.10 所示。

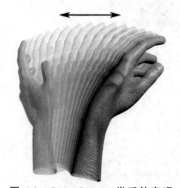

图 4.9 SwipeGesture 类手势表现

图 4.10 KeyTapGesture 类手势表现

- **基于手部运动的交互设计讲解**

如果想与 Leap Motion 控制器进行互动,首先要保证 Leap Motion 能够与计算机连接。按照下面的方式,进行 Leap Motion 的实验操作连接。

在计算机上安装 Leap_Motion_Orion_Setup_win_3.2.1。安装 Leap Motion 如图 4.11 所示。

LeapSDK	2017/11/14 7:48	文件夹	
Leap_Motion_Orion_Setup_win_3.2.1	2017/11/14 8:09	应用程序	457
README	2017/11/14 8:09	文本文档	

图 4.11 安装 Leap Motion

进入 Leap Motion 官网,如图 4.12 所示,单击 Unity 3D"开发者门户"。

关于我们	科技	开发者	社区
联系我们	Leap Motion 的虚拟现实技术	开发者门户	博客
职业生涯	设置	软件开发工具包	活动
我们的团队	展示区	文件	论坛
媒体	商店	Unity	画廊
隐私与条款	在哪里购买	Unreal	支持

图 4.12　Leap Motion 官网

单击下载，下载文件如图 4.13 所示。

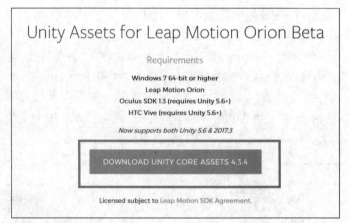

图 4.13　下载文件

以下是三个小案例，可进行下载学习。Leap Motion 案例如图 4.14 所示。

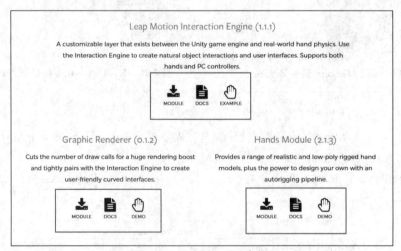

图 4.14　Leap Motion 案例

将 Leap Motion 设备连接到计算机上，打开 Unity 3D 导入 Leap_Motion_Core_Assets_
4.3.3 文件，就可以看到效果了。Leap Motion 效果如图 4.15 所示。

以上几个步骤的操作就能够让 Leap Motion 不但连接上计算机，还能和当前的 Unity

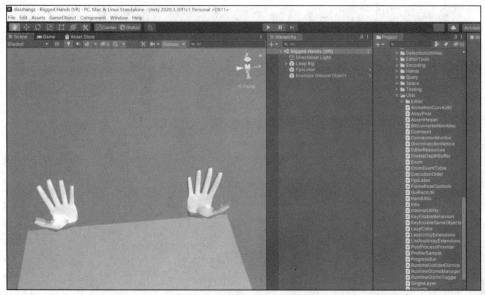

图 4.15　Leap Motion 效果

3D进行连接,读者的计算机系统不同,软件版本也不可能全部一致,本章采用的案例均是在 Unity 3D 2017 或 Unity 3D 2018 中进行,这样以方便更多的读者能够更好地学习。

4.4　基于 Leap Motion 手势交互的案例设计开发

Leap Motion需要安装驱动程序和 SDK 才能在计算机和 Unity 3D 中使用。Leap Motion 的驱动程序安装可以参见以下的步骤。

Leap Motion 官网上提供驱动程序安装包,方便用户下载。Leap Motion 的官方网址详见前言二维码。Leap Motion 驱动程序安装如图 4.16 所示。

图 4.16　Leap Motion 驱动程序安装

单击导航栏中的"商城-SETUP"按钮,进入驱动程序下载的页面,驱动程序下载如图 4.17 所示。

根据计算机的系统选择适合的驱动程序版本,单击下侧的"下载 WINDOWS 版本"按钮下载,其他版本可选择下方的 V2 软件下载,下载 WINDOWS 版本如图 4.18 所示。

图 4.17　驱动程序下载

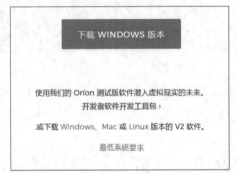

图 4.18　下载 WINDOWS 版本

驱动程序安装成功后，计算机桌面的右下角会出现黑色的 Leap Motion 图标，如图 4.19 所示。

连接 Leap Motion，如果驱动程序安装成功，图标会变成绿色，并且 Leap Motion 侧面会发绿色亮光，如果图标变为橙色，说明 Leap Motion 屏幕没有擦干净，擦拭后图标会变为绿色。控制器灯光颜色改变如图 4.20 所示。

图 4.19　驱动程序安装成功后的图标

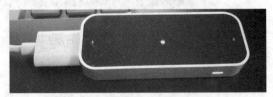

图 4.20　控制器灯光颜色改变

右击 Leap Motion 图标，单击观察器即可看到 Leap Motion 的效果。

以上步骤，读者可根据自己的操作顺序进行更改，但是最终都要看到控制器上的绿色灯光亮起，才能代表控制器已经打开。接下来是 SDK 的安装和实现。

在上一步下载驱动程序的页面，单击右下侧的 DEVELOPER INSTALLER 按钮跳转到 SDK 下载页面。在此处需要申请 Leap Motion 的免费开发账号才可登录，也可在此处申请。根据计算机的系统选择适合的 SDK 版本，单击左下侧的 DOWNLOAD SDK 按钮进行下载。下载好的 SDK 解压缩后便可以安装使用。之后要在 Unity 3D 中使用 Leap Motion

时，直接将 Plugins 整个文件夹导入 Unity 3D 即可使用。

4.5 《星际涟漪》实例制作

该案例来源于大连东软信息学院数字艺术与设计学院的展览，为了增加展览的交互性和互动性，在融入体感项目设备的同时，能够结合粒子系统，进行画面效果的完善，形成良好的视觉冲击效果。《星际涟漪》作品的创意来源于星河系的边际和璀璨效果，实现步骤如下。

图 4.21　资源下载

（1）本实例使用的是 Leap＋Motion＋Core＋Assets＋2.3.0＋（May＋26，＋2015).unitypackage 包，可自行下载。资源下载如图 4.21 所示。

（2）打开 Unity 3D，新建 3D 项目。创建新项目如图 4.22 所示。

（3）资源包导入 Unity 3D，在 Project 中执行 Leap Motion→Scenes 命令，再选择 Cube Wave 选项，双击进入。进入场景如图 4.23 所示。

图 4.22　创建新项目

（4）场景中已经有预制好的示例，连接 Leap Motion 单击"运行"按钮可以运行示例。运行示例如图 4.24 所示。

（5）在 Hierarchy 中单击 Cube，此 Cube 即为示例中的模型。选中 Cube 如图 4.25 所示。

（6）选择替换的模型，参照 Cube 中的组件给此模型添加 Rigidbody 以及 Box Collider。本例中使用粒子效果来替换模型。拖动时该粒子会产生拖尾效果。可以自行选择模型进行替换。粒子拖尾效果如图 4.26 所示。

（7）在模型的 Rigidbody 中取消 Use Gravity 选项的勾选，在 Constraints 中进行选择，设置 Rigidbody，如图 4.27 所示。

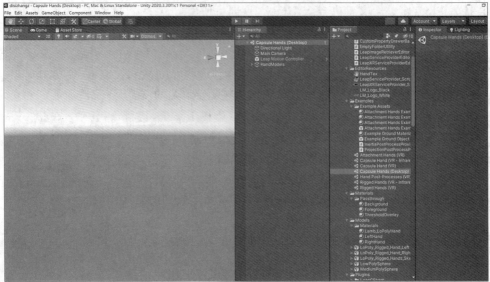

图 4.23　进入场景

图 4.24　运行示例

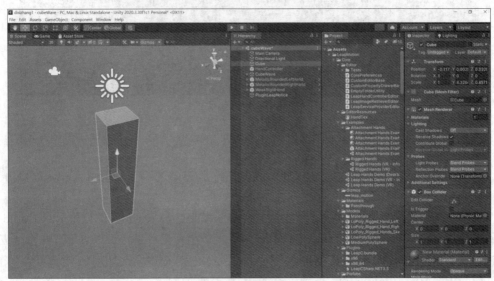

图 4.25　选中 Cube

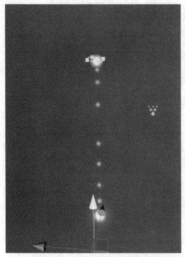

图 4.26 粒子拖尾效果

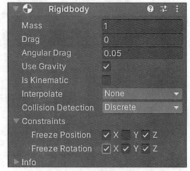

图 4.27 设置 Rigidbody

（8）选择 Cube Wave，在 Inspector 中将此模型拖动到 Model 中，再根据模型的形状调整模型的数量间隔或改变颜色（Grid Width＝横排数量、Grid Height＝竖排数量、Cell Width＝横排间隔、Cell Height＝竖排间隔）这部分需要根据自己模型的实际情况多次修改至合适的状态。调整模型参数如图 4.28 所示。

图 4.28 调整模型参数

（9）调整 Main Camera 到合适位置，添加动态天空盒。调整摄像机位置并添加天空盒如图 4.29 所示。

通过以上的练习，在屏幕面前，任意挥动双手，就可以让想要的效果犹如涟漪一般在指尖挥舞。

图 4.29　调整摄像机位置并添加天空盒

4.6　《梦幻森林》体感交互案例设计与制作

《梦幻森林》是本书编写团队在 2018 教育部协同育人项目《基于虚拟与增强现实技术的教学案例设计开发》中的原型。主要通过交互系统的方式，将动物园浓缩在梦幻一般的森林中，还融入趣味的游戏互动，如单击动物，动物会跑跳或者发出声音等，在案例的开发过程中还融入了 2D 的交互读物，将寓教于乐和交互系统进行紧密地结合，从而引发读者进行更深入的思考，能够结合本章的知识点进行扩展训练。最后，在森林的场景中，当用户连接 Leap Motion 也会有一群蝴蝶翩翩起舞，为儿童教育以及科普活动提供了很好的案例支撑。先在本章的资源素材中导入所需素材，设计开发方法如下。

（1）双击 Project 面板的 Assets→Scenes 文件夹后，单击 ![按钮] 按钮后，按下键盘上的 F2 键，对其重命名为 Start。修改之后，按 Enter 键保存。该场景为本系统的开始界面，开始界面如图 4.30 所示。

图 4.30　开始界面

（2）素材导入。选中需要添加的素材资料包，并拖动到 Assets 面板中，右击 Assets 文件夹面板空白处，在弹出的快捷菜单中执行 Create→Folder 命令，新建文件夹，对素材进行相应的分类。素材导入如图 4.31 所示。

（3）首页制作。在 PackOfTrees_Vol01 下的_Demo Scenes 文件夹中选择一个心仪的场景及位置，将 African Pack 2 文件夹中动物模型素材拖动到场景中，然后给每个动物都添加一个 Animator 组件，在其中添加每个动物的待机动作，制作首页，设置动画如图 4.32 所示。

主页面的 3D 场景效果如图 4.33 所示。

图 4.31　素材导入

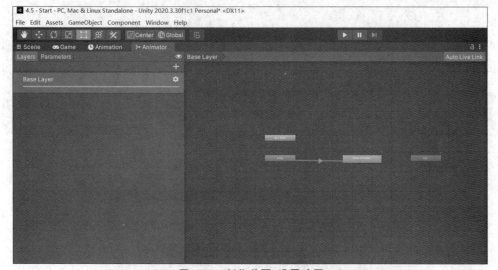

图 4.32　制作首页，设置动画

图 4.33　主页面的 3D 场景效果图

（4）执行 Create→UI→Panel 命令，创建一个 Panel，并将其颜色调至透明，右击 Panel，在弹出的快捷菜单中执行 Create→UI→Image 命令，创建一个 Image，右击 Panel，在弹出的快捷菜单中执行 Create→UI→Button 命令，创建三个 Button 作为主页面的标题以及选择按钮，右击 Image，在弹出的快捷菜单中执行 Create→UI→Text 命令，在 Image 下创建一个 Text，最后更改四个 Text 的内容及属性，设置 UI，如图 4.34 所示，主界面效果图如图 4.35 所示。

图 4.34 设置 UI

图 4.35 主界面效果图

（5）目录页面设置。在相同的 3D 场景中用相同方式执行 Create→UI→Panel 命令，创建一个透明的 Panel，右击 Panel，在弹出的快捷菜单中执行 Create→UI→Image 命令，并在 Panel 下创建三个 Image 旋转 90°，并进行拉伸后给其挂载相应的素材作为进入下一场景的入口，以及一个 Button 作为返回上一界面的按钮。设置目录页面如图 4.36 所示。

（6）在三个 Image 下分别创建一个 Button 按钮，右击 Image，在弹出的快捷菜单中执行 Create→UI→Button 命令，并拉伸至 Image 同样大小，将 Button 下的 Text 内容分别改为"动物图鉴""场景漫游"和 Leap Motion。设置 Button 如图 4.37 所示。

（7）找到 Assets 目录下，PackOfTrees_Vol01 的_Demo Scenes 中的任意一个 Demo 场景打开（此处用的是 Demo Birch）。首先删除场景中自带的 demoUIcanvas；接着，右击 Hierarchy 面板，在弹出的快捷菜单中执行 Create→UI→Canvas 命令，创建新的 UI 面板 Canvas。在 Inspector 中，设置 Canvas 的自适应模式。Canvas Scaler 下的 UI Scale Mode 选择 Scale with Screen Size 选项。完成之后，将下方的 X、Y 值分别设置为 1920、1080，并

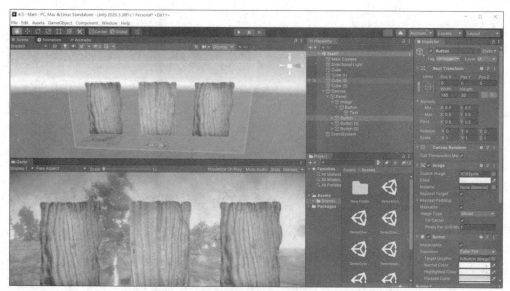

图 4.36 设置目录页面

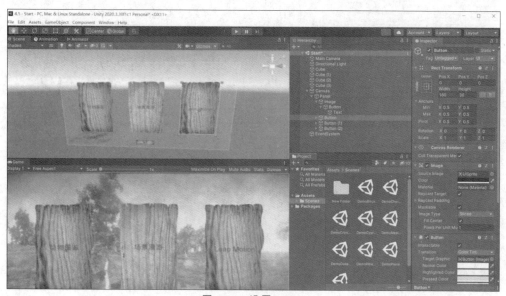

图 4.37 设置 Button

将 Match 设置为 0.5,以便于在自适应的过程中,X 轴与 Y 轴比值均衡。删除 demoUIcanvas 如图 4.38 所示,画布设置如图 4.39 所示。

(8) 选中 Hierarchy 面板下的 Canvas,右击,在弹出的快捷菜单中执行 Create→Create Empty 命令,建立一个空物体 Empty,修改其名称为 Layout,右击,在弹出的快捷菜单中执行 Create→UI→Button 命令,在 Layout 的子目录下创建 4 个 Button,分别修改名称为 Eating、Walking、Sleeping 和 Death,用于控制动物的动作触发。调节 Button 的大小和位置。调节 Button 如图 4.40 所示。

(9) 完成之后,找到 Assets 下的 African Pack 2,选择其中一种动物的资源包打开(此

图 4.38　删除 demoUIcanvas

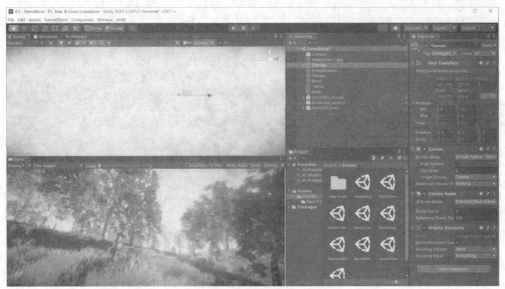

图 4.39　画布设置

处所用的是 African Animal - Gazelle）。打开 Prefabs 文件夹，选中 gazelle_sv_rm_mx_LP，拖动到 Hierarchy 面板下。接着，回到 African Animal - Gazelle 文件夹下，打开 Models 文件夹。右击 Models 文件夹面板空白处，在弹出的快捷菜单中执行 Create→Animator Controller 命令，修改名称为 controller。然后选中 controller 拖动到 Inspector 面板下的 Animator 组件中的 Controller 后方，完成之后双击打开 controller。创建动画状态机如图 4.41 所示。

（10）找到 Assets 下的 gazelle_sv_rm_mx，单击旁边的"三角形"按钮展开该 Model，在展开的序列中找到 Idle，长按并拖动到 Animator 面板中作为动物的待机动作。然后，再将

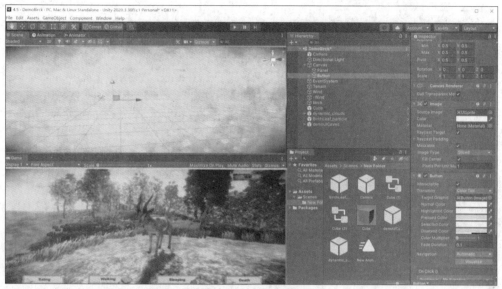

图 4.40　调节 Button

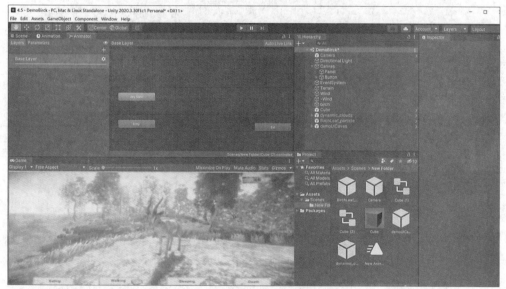

图 4.41　创建动画状态机

Start Eating、Eating、End Eating、Walk、Start Rest、Rest、End Rest、Death 依次拖动到 Animator 中。右击每个灰色动画的按钮，在弹出的快捷菜单中选择 Make Transition 选项完成关联。设置初始状态如图 4.42 所示，调节动画状态机如图 4.43 所示。

（11）单击 Animator 面板下的 Parameters 按钮，单击＋按钮，选择 Bool 选项，依次创建四个 Bool，分别修改名称为 Eating、Rest、Walk、Death。完成之后，单击右侧待机动画 Idle 按钮，连接其他四个动画的白色箭头线。在 Inspector 面板下，找到 Conditions，单击＋按钮创建条件，依次对应将创建的 Condition 下的条件，前面的名称修改为对应的，Eating 对应 Start Eating，Rest 对应 Start Rest，Walk 对应 walk，分别单击白色箭头线按钮创建条件。设置参数如图 4.44 所示。

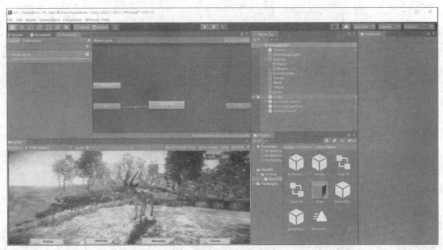

图 4.42 设置初始状态

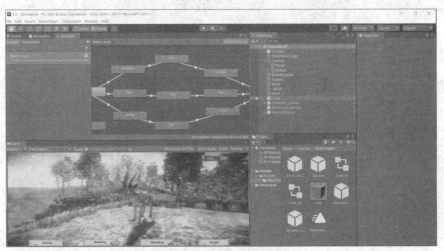

图 4.43 调节动画状态机

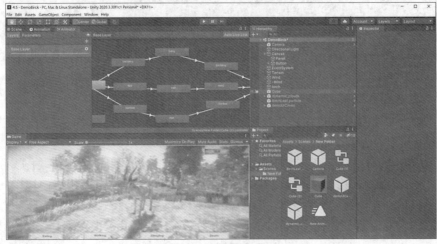

图 4.44 设置参数

（12）回到 Assets 目录下，新建文件夹命名为 Scripts，用来存储 C♯脚本文件。双击进入创建的 C♯脚本，命名为 AniControl。双击打开，将以下代码输入 C♯脚本中。

```
using System.Collections;
using System.Collections.Generic;
using unityEngine;
public class AniControl : MonoBehaviour {
    private Animator ani;
    //Use this for initialization
    void Start () {
        ani = GetComponent<Animator>();
        ani.SetBool("Start", true);
        Invoke("StartEnter", 5f);
    }
    public void Eating()
    {

        //ani.SetTrigger("run");
        ani.SetBool("Eating", true);
        Invoke("AtFirst", 3f);
    }

    public void Walking()
    {

        //ani.SetTrigger("attack");
        ani.SetBool("Walk", true);
        Invoke("AtFirst", 3f);
    }

    public void Rest()
    {

        //ani.SetTrigger("eat");
        ani.SetBool("Rest", true);
        Invoke("AtFirst", 3f);
    }

    public void AtFirst()
    {
        ani.SetBool("Eating", false);
        ani.SetBool("Walk", false);
        ani.SetBool("Rest", false);
    }
    public void Death()
    {

        //ani.SetTrigger("eat");
        ani.SetBool("Death", true);
    }
    public void StartEnter()
    {
        ani.SetBool("Start", false);
```

```
        }
    }
```

此部分主要是控制动画状态机中动画的播放。完成之后，将此代码挂载至场景中的 gazelle_sv_rm_mx_HP 上。挂载脚本如图 4.45 所示。

图 4.45　挂载脚本

（13）选中 Canvas 下之前创建的 button（Eating、Walking、Sleeping），选择右侧 Inspector 下 On Click()事件选项，然后将 gazelle_sv_rm_mx_HP 拖动到事件下，Runtime Only 下方的框中。然后单击 Runtime Only 后方的 Script 按钮，选择 AniControl 下对应的名称 Eating 选项。完成以上操作，建立新的 Button，放置于右上角，Button 下的 Text 内容为"返回"。作为该场景的返回按钮。完成 Button 之后，按照图中，自行添加 Button 的背景素材，Button 的背景素材在 Assets 下的 Pic 文件夹中。添加事件如图 4.46 所示。

图 4.46　添加事件

（14）添加场景的跳转功能，创建空物体，修改名称为 SceneManager，然后回到 Assets 下的 Scripts 中，新建 C♯脚本，命名为 SceneMange。将以下代码写入该脚本中。

```
using System.Collections;
using System.Collections.Generic;
using unityEngine;
using unityEngine.SceneManagement;
public class SceneMange : MonoBehaviour {
    public void Mzb()
    {
        SceneManager.LoadScene("meizhoubao");
    }
    public void Panda()
    {
        SceneManager.LoadScene("Panda");
    }
    public void Sn()
    {
        SceneManager.LoadScene("shuiniu");
    }
    public void Grr()
    {
        SceneManager.LoadScene("Giraffe");
    }
    public void Zly()
    {
        SceneManager.LoadScene("Zanglinyang");
    }
    public void ret()
    {
        SceneManager.LoadScene("ChooseAni");
    }
    public void rett()
    {
        SceneManager.LoadScene("AniCard");
    }
}
```

以上代码为所有场景所用到的跳转代码。完成写入后，将该脚本拖动到之前新建的 SceneManager 下。接着，选中"返回"Button 创建 On Click（）事件。将 SceneManager 拖动到新建事件的框中，选择 SceneMange 的 rett（）函数选项即可完成该场景的制作。最后按 Ctrl＋S 组合键保存场景为 Zanglinyang。Button 事件如图 4.47 所示。

（15）接着创建新的场景，命名为 AniCard。在与目录界面相同的 3D 场景中用相同的方式创建一个透明的 Panel，并在其下创建一个 Image 旋转 90°并在上方建立一个 Button 进行拉伸后给其挂载相应的素材作为进入下一场景的入口，以及一个 Button 作为返回上一界面的按钮。创建新场景 AniCard 如图 4.48 所示。

（16）相同的方式创建空物体，命名为 SceneManager。挂载在 Assets 下的 Scripts 中的

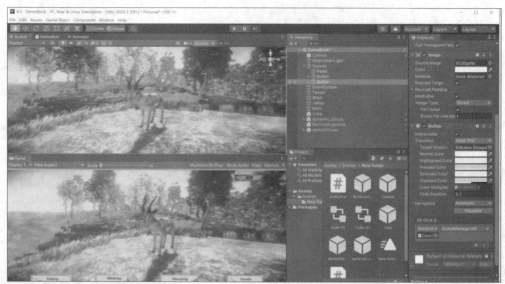

图 4.47　Button 事件

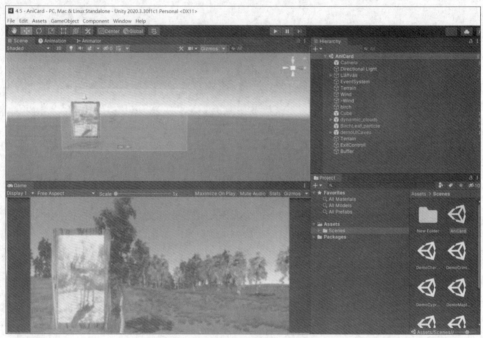

图 4.48　创建新场景 AniCard

SceneManage 上。选中 Image 下的 Button，新建 On Click()事件，拖动到 On Click()事件下，选择 SceneManage 的 Zly 选项。完成单击跳转，同样给场景下方的"返回"按钮，添加 On Click()事件。选择 SceneManage 的 ret()函数如图 4.49 所示。

（17）找到 Assets 下的 PackOfTrees_Vol01 的_Demo Scenes 下的 Demo Sakura，打开并另存为 Roam 作为漫游场景，同样删除自带的 demoUIcanvas。接着打开 Assets 下的 African Pack 2，选择 African Animal - Giraffe 中的 Prefabs 选项，将 giraffe_sv_rm_LP 拖

图 4.49　选择 SceneManage 的 ret( )函数

动到场景中。在 Assets 下的 African Pack 2 的 African Animal - Giraffe 中,打开 Models,新建 Animation Controller,命名为 main1,双击 main1 之后,找到同目录下的 giraffe_sv_rm,单击"三角形"按钮,展开序列。拖动任意动画到 Animator 中。(此处拖动的动画为 Eating、lie Down、Sleeping、Stand up)依次单击 Make Transitions 按钮进行关联。并将模型放置在合适的位置,同样的方式,可以选择不同的动物,新建不同的 Animator。删除 demoUIcanvas 如图 4.50 所示,调节动画状态机如图 4.51 所示,添加 Animator 如图 4.52 所示。

图 4.50　删除 demoUIcanvas

(18) 在 Scripts 文件夹中,新建 C♯脚本,命名为 Exit。将以下代码写入 Exit 脚本。

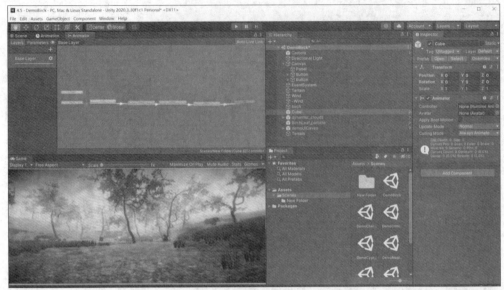

图 4.51　调节动画状态机

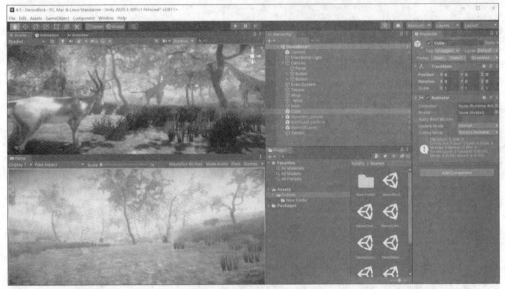

图 4.52　添加 Animator

```
using System.Collections;
using System.Collections.Generic;
using unityEngine;
using unityEngine.SceneManagement;
public class Exit : MonoBehaviour
{
//Update is called once per frame
void Update () {
        if (Input.GetKeyDown(KeyCode.Escape))
        {
```

```
        SceneManager.LoadScene("ChooseAni");
    }
}
```

完成之后,执行 Create→Create Empty 命令,新建空物体,新建空物体命名为 ExitControll,将 Exit 脚本挂载拖动到 ExitControll 上,用于退出场景。在运行的过程中,按 Esc 键退出,返回目录界面。设置返回主界面按钮如图 4.53 所示。

图 4.53　设置返回主界面按钮

(19) 单击 Import 按钮导入 Leap Motion 素材包 Leap_Motion_Interaction_Engine_1.1.0,并在其中找到场景 Leap Hands Demo(Desktop)拖动到 Scene 文件夹中,并修改场景名称为 Leap Motion。导入素材如图 4.54 所示。

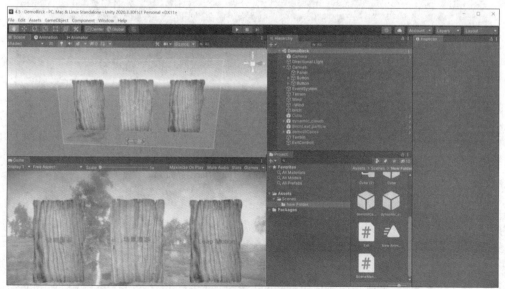

图 4.54　导入素材

（20）进入 Leap Motion 场景进行场景测试，若检测不到 Leap Motion 设备请检查设备是否连接成功，驱动是否正常开启。场景测试如图 4.55 所示。

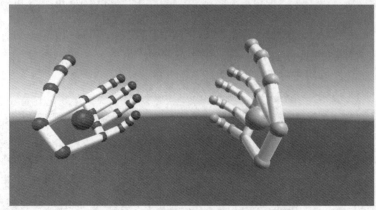

图 4.55　场景测试

（21）结束测试，找到 Assets 下的 PackOfTrees_Vol01 中的_Demo Scenes 下的 Leap Motion_BackGround，将该场景拖动到 Hierarchy 面板下。找到 Leap Motion_BackGround 如图 4.56 所示。

图 4.56　找到 Leap Motion_BackGround

将 Leap Motion 场景中的 Directional Light 删除，将 Leap Motion_BackGround 下的所有物体拖动到 Leap Motion 场景下，然后右击 Leap Motion_BackGround 场景，单击 Remove Scene 按钮。在弹出的框中选择 Don't save 选项。删除光线如图 4.57 所示。

（22）选中场景中的 Camera(2)，右击 Inspector 面板下的 transform，在弹出的快捷菜单中选择 Cope Component 选项。接着单击 Camera 按钮，同样右击 Inspector 面板下的 transform，

图 4.57 删除光线

在弹出的快捷菜单中选择 Paste Component Values 选项,将带有 Leap Motion 的 Camera 的坐标同步到场景中设定好的 Camera 的位置。完成之后,将 Camera(2)的 Inspector 下的 Post Processing behavior (Script)拖动到 Camera 上。完成之后,删除 Camera(2),这样就完成了将 3D 环境转移到 Leap Motion 场景中。调节摄像机位置如图 4.58 所示。

图 4.58 调节摄像机位置

（23）导入 Bird Flocks 资源包并在 Butterfly African Monarch→Prefabs 目录下找到 Butterfly African Monarch LOD 0 预制体,拖动到场景中置于摄像机可见的位置,并修改名称为 Butterfly。导入资源包如图 4.59 所示。

图 4.59　导入资源包

（24）新建 C♯ Script,命名为 BufferController,写入之前学过的群组行为代码,如下所示。

```csharp
using System.Collections;
using System.Collections.Generic;
using unityEngine;

public class BufferController : MonoBehaviour
{
    public float speed = 1;
    public Vector3 velocity = Vector3.forward;
    private Vector3 startVelocity;
    public Transform target;

    public Vector3 sumForce = Vector3.zero;
    public float m = 10;
    public float separationDistance = 3;
    public List<GameObject> seprationNeighbors = new List<GameObject>();
    public float separationWeight = 1;
    public Vector3 separationForce = Vector3.zero;           //分离的力
    public float alignmentDistance = 6;
    public List<GameObject> alignmentNeighbors = new List<GameObject>();
    public float alignmentWeight = 3;
```

```csharp
public Vector3 alignmentForce = Vector3.zero;                    //队列的力

public float cohesionWeight = 1;
public Vector3 cohesionForce = Vector3.zero;                     //聚合的力
public float checkInterval = 0.2f;
public float animRandomTime = 2f;
private Animation anim;
private void Start()
{
    target = GameObject.Find("Target").transform;
    startVelocity = velocity;
    InvokeRepeating("CalcForce", 0, checkInterval);
    anim = GetComponentInChildren<Animation>();
    Invoke("PlayAnim", Random.Range(0, animRandomTime));
}
void PlayAnim()
{
    anim.Play();
}
void CalcForce()
{
    print("calcForce");
    sumForce = Vector3.zero;
    separationForce = Vector3.zero;
    //计算分离的力
    seprationNeighbors.Clear();
    Collider[] colliders = Physics.OverlapSphere(transform.position,
separationDistance);
    foreach (Collider c in colliders)
    {
        if (c != null && c.gameObject != this.gameObject)
        {
            seprationNeighbors.Add(c.gameObject);
        }
    }

    foreach (GameObject neighbor in seprationNeighbors)
    {
        Vector3 dir = transform.position - neighbor.transform.position;
        separationForce += dir.normalized / dir.magnitude;
    }
    if (seprationNeighbors.Count > 0)
    {
        separationForce *= separationWeight;
        sumForce += separationForce;
    }
    //计算队列的力
    alignmentNeighbors.Clear();        //清空邻居,每执行一次清空一次
    colliders = Physics.OverlapSphere(transform.position, alignmentDistance);
                            //物理检测 colliders 的集合
```

```
        foreach (Collider c in colliders) //查找出来每一个 Collider,在 colliders 里找
        {
            if (c != null && c.gameObject != this.gameObject)//c.gameObject !=
this.gameObject 是检测本身,排除自己
            {
                alignmentNeighbors.Add(c.gameObject);
                                        //将检测到的添加到 c.gameObject
            }
        }
        Vector3 avgDir = Vector3.zero;      //定义一个参数存储平均朝向
        foreach (GameObject n in alignmentNeighbors)   //遍历所有的子物体
        {
            avgDir += n.transform.forward; //把所有的 n.transform 全部进行平均朝向
        }
        if (alignmentNeighbors.Count > 0)
                                //如果队列的邻居大于 0 就是 alignmentNeighbors 不为空
        {
            avgDir /= alignmentNeighbors.Count;   //得到平均朝向
            alignmentForce = avgDir - transform.forward;//alignmentForce 平均朝
向+transform.forward=avgDir
            alignmentForce *= alignmentWeight;
            sumForce += alignmentForce;
        }

        //聚合的力
        if (alignmentNeighbors.Count > 0)
        {
            Vector3 center = Vector3.zero;
            foreach (GameObject n in alignmentNeighbors)
            {
                center += n.transform.position;
            }
            center /= alignmentNeighbors.Count;
            Vector3 dirToCenter = center - transform.position;
            cohesionForce += dirToCenter.normalized * velocity.magnitude;
            cohesionForce *= cohesionWeight;
            sumForce += cohesionForce;
        }

//保持恒定飞行速度的力
        Vector3 engineForce = velocity.normalized * startVelocity.magnitude;
        sumForce += engineForce;
        Vector3 targetDir = target.position - transform.position;
        sumForce += (targetDir.normalized - transform.forward) * speed * 20;
    }

    void Update()
    {
        Vector3 a = sumForce / m;
        velocity += a * Time.deltaTime;
```

```
    //transform.rotation = Quaternion.LookRotation(velocity);
    transform.rotation = Quaternion.Slerp(transform.rotation, Quaternion.
LookRotation(velocity), Time.deltaTime * 3);
    transform.Translate(transform.forward * Time.deltaTime * velocity.
magnitude, Space.World);
    }


}
```

（25）将 BufferController 代码拖动到蝴蝶 BufferFly 上并单击 Add Component 按钮，给其添加 Capsule Collider 组件，添加完成后按 Ctrl＋D 组合键复制出相同的另外九只蝴蝶。添加碰撞体如图 4.60 所示。

图 4.60　添加碰撞体

（26）新建两个 C♯脚本分别命名为 Left1 和 Right1，并写入以下代码。

```
using unityEngine;
using System.Collections.Generic;
using Leap;
using Leap.unity;

public class Left1  : MonoBehaviour
{

    LeapProvider provider;

    void Start()

    {

        provider = FindObjectOfType<LeapProvider>() as LeapProvider;
```

```
        }

    void Update()

    {

        Frame frame = provider.CurrentFrame;

        foreach (Hand hand in frame.Hands)

        {

            if (hand.IsLeft)

            {

                transform.position = hand.PalmPosition.ToVector3() + hand.
PalmNormal.ToVector3() * (transform.localScale.y * .5f + .02f);
                transform.rotation = hand.Basis.CalculateRotation();
            }

        }

    }
}

using unityEngine;
using System.Collections.Generic;
using Leap;
using Leap.unity;

public class Right1  : MonoBehaviour
{
    LeapProvider provider;
    void Start()

    {

        provider = FindObjectOfType<LeapProvider>() as LeapProvider;

    }

    void Update()
    {
        Frame frame = provider.CurrentFrame;
        foreach (Hand hand in frame.Hands)
        {
            if (hand.IsRight)
            {
```

```
            transform.position = hand.PalmPosition.ToVector3() +
                        hand.PalmNormal.ToVector3() *
                        (transform.localScale.y * .5f + .02f);
            transform.rotation = hand.Basis.CalculateRotation();
        }
    }
  }
}
```

完成之后，执行 Create→3D Object→Cube 命令，新建两个 Cube，分别命名为 Target 和 Target1，将 Left1 挂载到 Target 上，将 Right1 挂载到 Target1 上。选中 BufferController，按 Ctrl＋D 组合键复制出 ButterController1。选中后五只蝴蝶删除 BufferController 组件，并将 ButterController1 拖动到选中的蝴蝶上，将 ButterController1 中的第 39 行的"target ＝ GameObject.Find("Target").transform；"修改为"target ＝ GameObject.Find("Target1"). transform；"，以上部分将 10 只蝴蝶分为 2 组，分别寻找左手和右手。最后将 10 只蝴蝶上的 BufferController 和 BufferController1 组件中的 M 参数修改为 50。设置 ButterController 如图 4.61 所示。

图 4.61　设置 ButterController

（27）执行 Create→Create Empty 命令，新建名称为 SceneManager 的空物体，挂载脚本 SceneManage，并添加 Canvas，执行 Create→UI→Canvas 命令，调节自适应。执行 Create→UI→Button 命令，新建 Button 放置在右上角，新建 On Click（）事件，选择 SceneManage 的 ret（）函数，作为返回按钮。设置返回按钮如图 4.62 所示。

（28）将以上所有完成的场景添加到 Scene In Build，打开每个场景执行 File→Build Settings 命令，单击 Add Open Scene 按钮进行添加。本案例只实现了一种动物的图鉴，其余场景均可选择不同场景搭配动物模型动画自行实现。添加场景如图 4.63 所示。

以上即为《梦幻森林》案例的设计制作全过程，在项目制作过程中根据书中步骤即可完成完整项目制作，熟练后可尝试将本案例中相关代码应用到个人原创项目中。

图 4.62　设置返回按钮

图 4.63　添加场景

4.7　本章小结

本章主要针对 Leap Motion 的内置手势识别进行相关的手指控制 3D 物体的运动，结合相关知识点，最终通过四级项目《梦幻森林》案例的设计制作合动画、手势识别以及手部角色跟随等核心功能进行项目构建。用户通过固定的手势来进入游戏，之后能够通过手指挥舞来控制群组行为的运动，达到更深入互动的效果。案例中遵循了体感交互游戏的设计原则，设置了 2D 交互界面、3D 人物漫游等完整的项目开发框架。

4.8　课后作业

（1）Leap Motion 手势识别进行篮球投篮并计分的操作。

（2）掌握人机交互中 Leap Motion 的开发理论知识和编码知识。

（3）运用 Unity 3D 引擎，完成《梦幻森林》案例进行体感交互项目的设计制作，并通过运用项目中所学知识自主设计具有实际应用价值的体感交互项目。

4.9　实验：Leap Motion 交互技术

一、实验目的

熟悉 Leap Motion 交互技术的基本概念和主要内容；

通过 Leap Motion 官网搜索与浏览，了解 Leap Motion 人机交互技术开发案例和应用价值，掌握通过专业网站不断丰富 Leap Motion 交互技术最新知识的学习方法，尝试通过专业 Leap Motion 网站的辅助与支持来开展 Leap Motion 交互技术应用实践。

二、工具/准备工作

安装有浏览器的计算机一台、Leap Motion 二代设备。

三、实验内容与步骤

1. 概念理解

（1）什么是 Leap Motion？

（2）从"Leap Motion 交互应用"来看，介绍 Leap Motion 的最新发展，并简单谈谈感想。

（3）坐标系统、动作捕捉数据、帧、绑定数据列表等的理解。

2. 手模型

Leap Motion API 尽可能多地提供关于手部的信息。但是，Leap Motion 不能够确定每一帧所有属性。比如当手突然攥成了拳头，这时，它上面的所有的手指是不能使用的，手指的 List 就成了空。所以程序需要对这种情况做检测。

Leap Motion 交互技术实验记录

功能名称　　　　　　　实现效果　　　　　　　主要内容描述

你认为最重要的两个 Leap Motion 交互技术应用案例。

（1）案例名称：

（2）案例应用环境：

分析各 Leap Motion 交互技术网站当前的技术热点。

（1）名称：

技术热点：

（2）名称：

技术热点：

讨论议题：

（1）举例说明在日常生活中能感受到 Leap Motion 交互技术的发展的情境。

（2）Hand 对象提供了哪几个属性来反映绑定后的手的物理特性？

（3）举例说明手指和工具列表。

（4）举例说明数字产品或服务中手指和工具的模型。

四、实验内容与步骤

五、实验评价（教师）

第 ⟨5⟩ 章

基于HTC Vive虚拟现实设备的人机交互

在现实世界中,人们习惯于使用手来做动作,感知物质世界和表达思想。例如,见面打招呼问好,分开时说再见,触摸物体的材质并感受物体的纹理等,每一个动作都是以手作为支撑,手一直是人类抓取物体与外界进行交互的重要手段。随着科技手段的不断创新和信息媒介的快速进步,人机交互技术已经正式进入社会化的应用发展阶段。人机交互技术根据其时间维度和发展进程,可划分为"单击时代""触摸时代""声音时代"和"体感时代"四个时段。"单击时代"也就是通常所说的鼠标、键盘的时代,自从 1964 年,美国人道格拉斯·恩格尔巴特发明了鼠标使得人机交互技术有了突破性的进展,至今为止,鼠标仍然是人机交互的重要手段,在本书的第 2 章基础知识中便将 Unity 3D 中的鼠标、键盘等基本交互方式的实现详细地进行了介绍。"触摸时代"起始于 2007 年乔布斯发布 iPhone 开始,触摸屏幕的出现,极大地提升了用户体验。"单击时代"和"触摸时代"共同构成了人机交互技术的过去和现在。而智能终端的广泛应用,"语音时代"也随之到来,成为最普遍的交互方式之一。虽然虚拟现实、增强现实、人工智能等技术的迅速发展,人们不断地探讨最新的交互方式,虽然"体感时代"还并没有真正地到来,人们还不能够在虚拟的环境中形成自然的人机交互,但是体感设备的发展已经促使其部分功能的逐渐完善和诸多领域的应用。

手势和语音、文字有着相同的功能,能够将人的想法、意图或想要完成的事情清楚地表达出来,所以它是一种有效的交互手段,能自然、准确地进行人机交互。然而,在虚拟现实技术发展的早期,由于技术不成熟,软硬件设备发展缓慢,主要是缺乏必要的人机交互接口,人们只能通过键盘、鼠标、手柄这些外接设备来操纵计算机生成的虚拟物体,大大降低了操作者的沉浸感、自然感,不仅不能激发使用者的兴趣而且也限制了操作者的活动能力。随着电子技术的不断进步,基于如数据手套这样专用硬件设备的手势识别逐步过渡到以计算机视觉为基础的手势识别。特别是随着 HTC Vive 虚拟现实设备的发布,基于 HTC Vive 虚拟现实设备的研究也随即展开。HTC Vive 虚拟现实设备是应用程序的耳朵和眼睛,HTC Vive 通过以下三个部分致力于给使用者提供沉浸式体验:一个头戴式显示器、两个单手持控制器、一个能于空间内同时追踪显示器与控制器的定位系统。其中 HTC Vive 虚拟现实设备组成如图 5.1 所示。

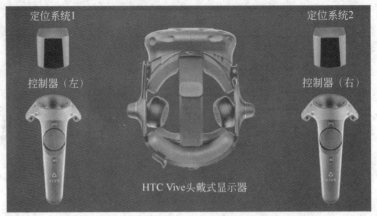

图 5.1　HTC Vive 虚拟现实设备

教学的重点和难点

- HTC Vive 虚拟现实设备开发环境的配置；
- HTC Vive 虚拟现实设备和 Unity 3D 连接；
- 利用 HTC Vive 虚拟现实设备内置的函数在 Unity 3D 环境中进行开关门操作并进行相关的案例设计制作开发。

学习指导建议

- 重点掌握通过 HTC Vive 虚拟现实设备进行开关门交互操作；
- 通过了解虚拟现实设备、虚拟现实设备环境配置以及与 Unity 3D 进行的连接，进一步练习结合动画、位置识别以及手部角色跟随等核心功能进行项目构建；
- 重点掌握使用 HTC Vive 虚拟现实设备的方法，在项目中进行基础的交互设计，同时进行相关编码练习，以熟练使用。

视频讲解

5.1　HTC Vive 虚拟现实设备开发环境配置

5.1.1　HTC Vive 虚拟现实设备介绍

　　HTC Vive 虚拟现实设备是由 HTC 与 Valve 公司联合开发的一款 VR 虚拟现实头盔产品，通过一个头戴式显示器、两个单手持控制器、一个能于空间内同时追踪显示器与控制器的定位系统致力于给使用者提供沉浸式体验，并且实现即时动态捕捉、影像辨识、麦克风输入、语音辨识、社群互动等功能，从而更好地辅助体感游戏增强游戏体验。

　　由于有 Valve 公司的 SteamVR 提供的技术支持，因此在 Steam 平台上已经可以体验利用 Vive 功能的虚拟现实游戏。因而更加拓宽了 HTC Vive 的应用范围，在人工智能、人机交互和体感互动等领域均受到了追捧，除了对于体感游戏的开发，在医疗应用、军事仿真、人工智能、虚拟现实、贸易利用、机械加工等领域也蕴藏着潜在的价值，其独特的表达形式和语言让更多的艺术家和工程师致力于创造和开发。HTC Vive 虚拟现实设备从最初给游戏用户带来沉浸式体验,延伸到可以在更多领域施展想象力和应用开发潜力。一个最现实的案例是,可以通过虚拟现实搭建场景,实现在医疗和教学领域的应用。例如,帮助医学院和医院制作人体器官解剖,让使用者佩戴 VR 头盔进入虚拟手术室观察人体各项器官、神经元、心脏、大脑等,并进行相关临床试验。

HTC Vive 虚拟现实设备的硬件包括头戴式设备、头戴式设备连接线、串流盒、Mini DP 转 DP 转接器、18W AC 适配器、DP 连接线、USB 3.0 连接线。新一代的 HTC Vive Pro 2 虚拟现实设备除了在外形上的变化之外,其性能也进行了大幅度的优化,其分辨率从 HTC Vive 的 2160×1200 像素提高到 2880×1600 像素,屏幕采用低延迟的三星 OLED 面板,大大减少了 VR 画面模糊感。并且 HTC Vive Pro 也找到了全新的无线方案,其全新无线适配器采用英特尔公司的 WiGig 技术(60GHz 频段),并且可以轻松安装在新头显上,让玩家在 VR 体验时可以更加轻松自在。

在以下的操作中均将采用 HTC Vive Pro 2 虚拟现实设备来进行。

5.1.2　基础参数

HTC Vive 虚拟现实设备的技术核心之一是沉浸式位置还原技术,利用其自带的头盔设备以及定位器可以有效地获取使用者及其周围环境的信息,再加上其内置摄像头,就可以精准还原用户位置并且精准检测到用户的动作变化,进而在可视界面内进行相关位置调整。经过位置精准定位,以及动作实时捕捉检测后,通过头盔显示出虚拟场景,以及等比例还原用户高度。再经过设备升级迭代后,HTC Vive Pro 虚拟现实设备可以兼容 SteamVR 1.0 和 2.0 追踪规格,可以通过基站扩展的方式,将定位空间增加到 10×10 米。并且 HTC Vive Pro 采用内置耳机、降噪麦克风和双摄像头,其中不仅耳机可以选择性降噪并且回馈身边真实的声音,而且在目镜前方加入了两个传感器,进而能够辅助玩家在不摘头盔的情况下对周围空间轮廓有一个把控。以下是 HTC Vive 虚拟现实设备和 HTC Vive Pro 虚拟现实设备的参数配置。HTC Vive 虚拟现实设备和 HTC Vive Pro 虚拟现实设备参数配置的比较如表 5.1 所示。

表 5.1　参数配置的比较

	HTC Vive Pro	HTC Vive
显示屏	AMOLED	OLED
分辨率	2880×1600 像素(615 PPI)	2160×1200 像素(448 PPI)
刷新率	90Hz	90Hz
平台	SteamVR、Viveport	SteamVR、Viveport
视野	110 度	110 度
定位区域	100 平方米	15×15 英尺(4.6×4.6 米)
与 PC 连接方式	有线、无线(需适配器)	有线、无线(需适配器)
内置音频	是,头戴耳机/嵌入式放大器	是,Deluxe Audio Strap
内置麦克风	是,双	是,单

续表

	HTC Vive Pro	HTC Vive
控制器	第一代 Vive 控制器,支持新一代 Vive 控制器和兼容 PC 的手柄	第一代 Vive 控制器、兼容 PC 的手柄
传感器	加速计、陀螺仪、Lighthouse 激光定位系统、双前置相机	加速计、陀螺仪、Lighthouse 激光定位系统、前置相机
连接	USB-C 3.0,DisplayPort 1.2 蓝牙	HDMI、USB 2.0、USB 3.0

5.1.3 运行环境配置

（1）到官网下载 Steam 客户端,Steam 官网如图 5.2 所示。官网网址详见前言二维码。

图 5.2　STEAM 官网

（2）单击"安装 STEAM"按钮,下载应用程序,如图 5.3 所示。

图 5.3　下载应用程序

（3）下载完成后，双击文件夹内 set up 安装程序后，出现如图 5.4 所示的 Steam 安装界面，开始进行应用程序安装。

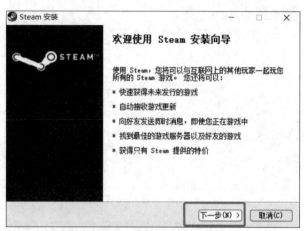

图 5.4　Steam 安装界面

（4）单击"下一步"按钮后，进行 Steam 环境选择，选择"简体中文"选项后，单击"下一步"按钮，完成 Steam 环境选择，Steam 环境选择如图 5.5 所示。

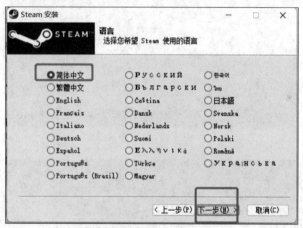

图 5.5　Steam 环境选择

（5）单击"下一步"按钮后，进行 Steam 安装位置选择，在计算机内选择一个合理位置进行 Steam 软件安装，Steam 安装位置选择如图 5.6 所示。

（6）单击"安装"按钮后，开始进行 Steam 安装，安装完成后双击 图标，运行 Steam 软件后进行注册，完成后输入个人账户名称和密码后登录，登录界面如图 5.7 所示。

（7）登录成功后，在"商店"面板中的搜索框内输入 SteamVR，输入完成后单击输入框后面的放大镜按钮，进行 SteamVR 的搜索与下载，SteamVR 的搜索与下载如图 5.8 所示。

（8）搜索成功后，选择 SteamVR 选项，单击进入 SteamVR 程序，选择 SteamVR 如图 5.9 所示。

（9）进入程序后单击"启动"按钮即可运行 SteamVR 程序，运行 SteamVR 如图 5.10 所示。

图 5.6　Steam 安装位置选择

图 5.7　登录界面

图 5.8　SteamVR 的搜索与下载

图 5.9　选择 SteamVR

图 5.10　运行 SteamVR

（10）程序运行成功后，开始进行 HTC Vive Pro 2 虚拟现实设备连接，接线说明如图 5.11 所示，将 HTC Vive Pro 2 虚拟现实设备与主机正确连接后，启动 SteamVR，连接成功后界面显示如图 5.12 所示。

（11）连接成功之后，单击左上角 ☰ 按钮，SteamVR 设置如图 5.13 所示。单击后会出现房间设置窗口，只需要根据当前环境情况选择环境即可，SteamVR 房间环境选择如图 5.14 所示。

（12）房间设置完成后，出现如图 5.15 所示的建立定位面板，根据面板上的操作提示将头戴式显示器放置到可以见到定位器的位置即可建立好定位，单击"下一步"按钮即可。

图 5.11　接线说明

图 5.12　连接成功显示

图 5.13　SteamVR 设置

图 5.14　SteamVR 房间环境选择

（13）房间设置完成后，出现如图 5.16 所示校准空间面板，根据面板上的操作提示将头戴式显示器放置到合适位置后，单击"校准中心点"按钮，进行空间位置校准。

（14）校准空间完成后，出现如图 5.17 所示校准地面面板，根据面板上的操作提示将头戴式显示器放置到地面上校准地面，单击"校准地面"按钮，进行地面位置校准。

图 5.15 建立定位面板

图 5.16 校准空间面板

图 5.17 校准地面面板

（15）全部完成后，单击"完成"按钮即成功完成了 HTC Vive Pro 2 头盔硬件的接入，以及部分环境配置。完成校准如图 5.18 所示。

图 5.18　完成校准

（16）接入完成后，单击设置面板左上角 ☰ 按钮，执行"设备"→"配对控制器"命令开始配对控制器。配对控制器如图 5.19 所示。

（17）选择完成后根据面板提示，长按控制器菜单键和系统键至控制器开始闪烁蓝灯，当蓝灯变绿时完成控制器配对。开始配对如图 5.20 所示。

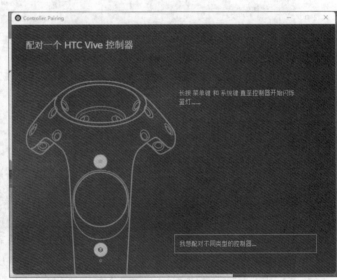

图 5.19　配对控制器　　　　　　图 5.20　开始配对

（18）完成其中一个控制器配对后，按照同样的方法配对另一个控制器，全部配置完成后，单击"完成"按钮，HTC Vive Pro 虚拟现实设备的运行环境全部配置完成。配对选项如图 5.21 所示。

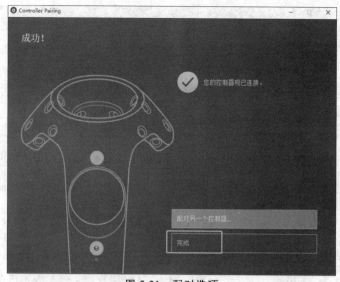

图 5.21　配对选项

5.2　与 Unity 3D 连接

视频讲解

Unity 3D 与 SteamVR 的连接可以简单理解为 Steam 获取用户的数据并将数据传送到 PC 端，之后 Unity 3D 调用传送的数据在编辑器中进行处理，这样即完成了两者的通信。在连接的过程中导入其自带插件会帮助开发者在运行过程中减少不必要的麻烦。SteamVR 的插件给开发者提供了一个 C♯ 的接口来和 HTC Vive 设备交互。因此在这里我们也同样采取导入配置插件的方式来继续进行基于 HTC Vive 虚拟现实设备的人机交互学习。

5.2.1　导入配置插件

（1）在 Unity Hub 中新建一个项目，命名为 SteamVR2.5.0andVRTK4.0，新建完成后进入项目内部，选择 Asset Store 面板选项后进入资源商店，在资源商店内搜索 SteamVR 插件包后，单击 Import 按钮导入。新建项目如图 5.22 所示，资源商店如图 5.23 所示，搜索并导入插件如图 5.24 所示。

（2）导入 SteamVR 插件包后在 Unity 3D 内设置好 SteamVR 开发所需要的配置。执行 Window→SteamVR Input 命令，打开调整面板，调整设置如图 5.25 所示。

（3）进入调整面板后单击 Open Binding UI 按钮设置控制器操作。SteamVR Input 调整面板如图 5.26 所示。

（4）单击 Open Binding UI 按钮后弹出按键设置面板，单击"编辑"按钮即可自行编辑控制器按键操作。按键设置面板如图 5.27 所示。

（5）编辑控制器按键完成后单击下方"替换默认按键设置"按钮即可完成 Open Binding UI 的配置。完成编辑控制器按键如图 5.28 所示。

（6）替换完成后返回 Unity 3D 引擎 Open Binding UI 界面并单击 Save and generate 按钮保存当前对于设置的更改。保存更改如图 5.29 所示。

图 5.22　新建项目

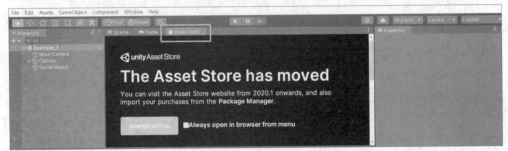

图 5.23　资源商店

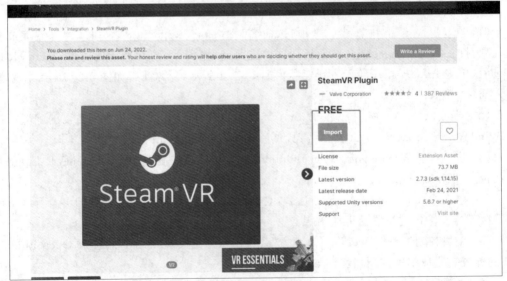

图 5.24　搜索并导入插件

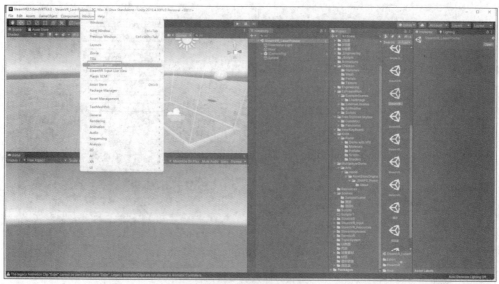

图 5.25 调整设置

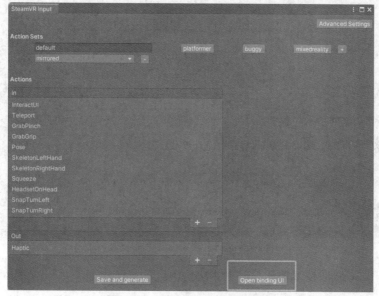

图 5.26 SteamVR Input 调整面板

保存更改完成后配置插件以及其相关功能调整全部完成。

5.2.2 插件内置函数

在通过 HTC Vive 虚拟现实设备进行人机交互过程中,控制器的应用是其中必不可少的环节,在项目中的瞬移、移动、射线、拾取、点击跳转等操作都需要通过控制器以及其内置控制脚本 SteamVR_Controller.cs 来实现,下面来对 SteamVR_Controller.cs 脚本事件内相关事件函数进行介绍。

GetPress():按下按键一直触发。

图 5.27　按键设置面板

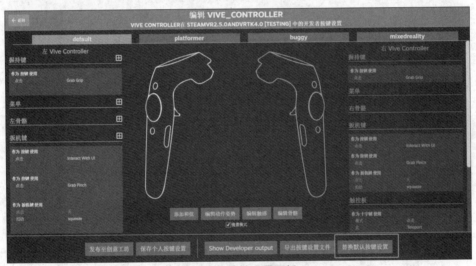

图 5.28　按键设置面板

GetPressDown()：按下按键只触发一次。

GetPressUp()：按下按键只触发一次。

GetTouch()：触碰到按键一直触发。

GetTouchDown()：触碰到按键只触发一次。

GetTouchUp()：触碰到按键只触发一次。

GetAxis()：获取位置信息。

GetHairTrigger()：获取触发状态。

GetHairTriggerDown()：由 false 转至 true 的过程，判断先前状态和当前状态。

GetHairTriggerUp()：由 true 转至 false 的过程，判断先前状态和当前状态。

　　除此之外，关于控制器的相关信息都包含在 SteamVR_Controller 脚本中。并且在使用的过程中需要注意 SteamVR_Controller 不是 Monobehavior 脚本，并没有挂载到场景中，其

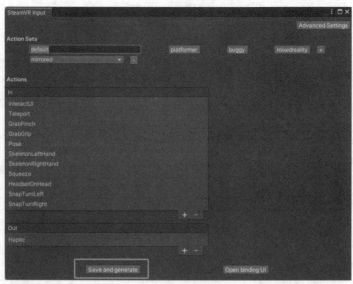

图 5.29　保存更改

运行是通过 SteamVR_Render 脚本对于其中 Update()函数的调用从而一直循环获取控制器相关信息。而 SteamVR_Render 脚本是在程序运行时自动加载到场景中。

5.2.3　基础示例场景内交互

通过以上的学习,可以知道 SteamVR 包含很多内置函数,接下来通过对应的函数及其功能完成基础示例场景内交互案例的搭建。

(1) 在完成环境配置后,打开刚刚已经配置好环境的 SteamVR 2.5.0 and VRTK 4.0 项目,打开项目时会出现 SteamVR 环境配置通过面板,单击 Accept All 按钮即可。环境配置通过面板如图 5.30 所示。

图 5.30　环境配置通过面板

（2）在项目中 Assests 面板上右击，在弹出的快捷菜单中执行 Create→Scene 命令，新创建一个场景，并命名为 01，命名完成后双击 ，打开 01 场景。新建场景如图 5.31 所示。

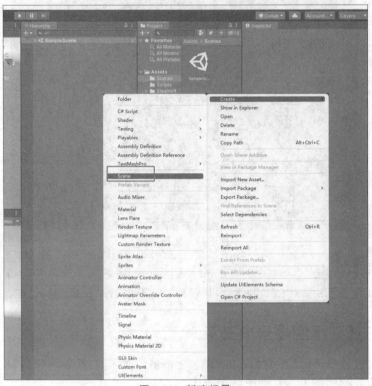

图 5.31　新建场景

（3）进入新场景后，在 Project 面板中选择 Assest 面板，双击打开 SteamVR→Prefabs 文件夹，找到 CameraRig 预制体，将其拖动到 Hierachy 面板下即可。预制体如图 5.32 所示，预制体拖动如图 5.33 所示。

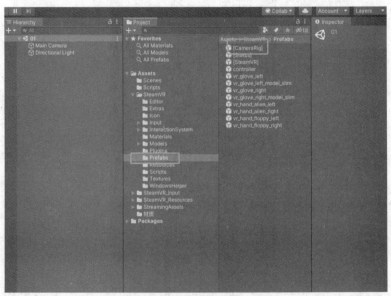

图 5.32　预制体

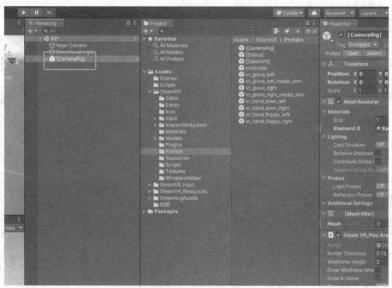

图 5.33 预制体拖动

（4）成功拖入预制体后，单击▶按钮，运行项目，同时戴好头戴式显示器进行观察，此时可以成功观察到场景内部环境。摄像机导入测试如图 5.34 所示。

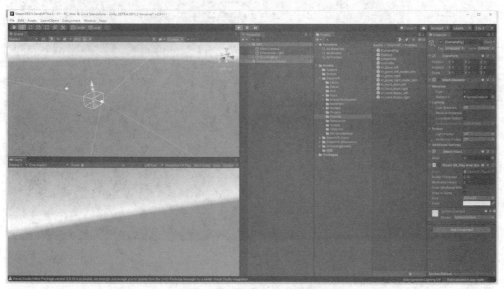

图 5.34 摄像机导入测试

（5）测试完成后，右击 Hierachy 面板，在弹出的快捷菜单中执行 Create→3D Object→Plane 命令，新建 Plane，同时将 CameraRig 预制体删除。地面制作如图 5.35 所示。

（6）在 Project 面板上方搜索框内搜索 Player 预制体，搜索成功后将 Player 拖动到场景内完成玩家导入，如图 5.36 所示。

（7）为了实现玩家在游戏场景 Plane 地板上的移动，则需要规定好玩家可以移动的范围，所以再次右击 Hierachy 面板，在弹出的快捷菜单中执行 Create→3D Object→Plane 命

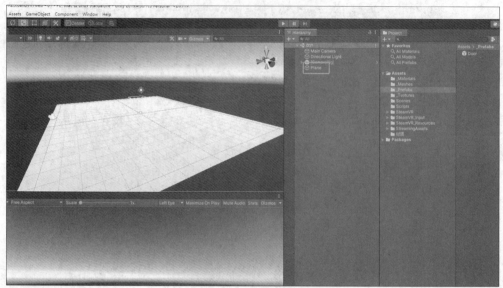

图 5.35　地面制作

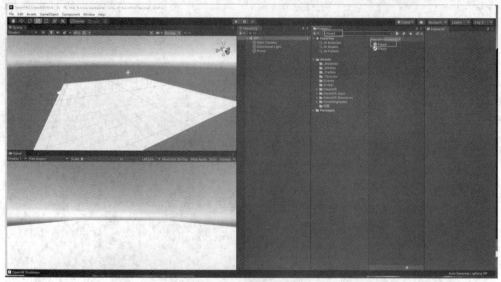

图 5.36　玩家导入

令，新建一个 Plane(1)地面作为规范的移动范围，如图 5.37 所示。

（8）若想实现玩家移动，在 Project 面板上方搜索框内搜索 Teleporting 预制体，搜索成功后将 Teleporting 拖动到场景内实现玩家移动功能，如图 5.38 所示。

（9）完成后，在 Inspector 面板下方单击 Add Component 按钮添加代码，在其下方搜索框内搜索 Teleport Area，搜索成功后单击 Teleport Area 代码按钮即可添加到地面 Plane (1)的 Inspector 面板上。搜索代码如图 5.39 所示。添加代码如图 5.40 所示。

（10）添加完成后调整 Plane(1)的 Inspector 面板上的 Transform 模块 Position Y 的值为 0.02，保证规定范围的地面没有与原地面没有重合即可。调整位置如图 5.41 所示。

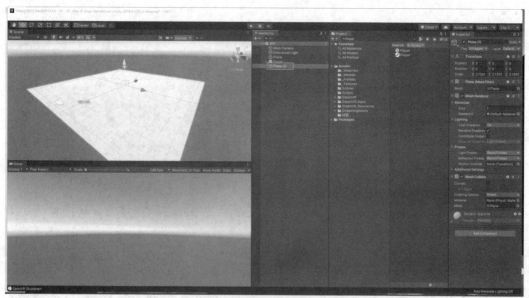

图 5.37　规范的移动范围

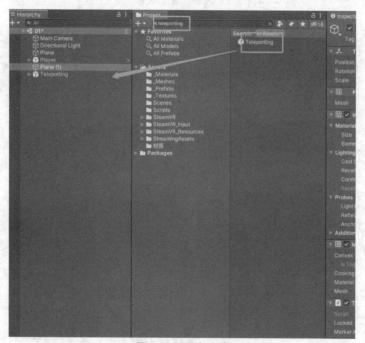

图 5.38　玩家移动

（11）调整完成后选中 Hierarchy 面板中的 Main Camera 选项，右击，在弹出的快捷菜单中选择 Delete 选项删除 Main Camera 物体后，单击 ▶ 按钮，运行项目，同时戴好头戴式显示器后，按下控制器圆盘对准地面，松开后即可实现瞬移功能。删除 Main Camera 如图 5.42 所示，瞬移的功能实现如图 5.43 所示。

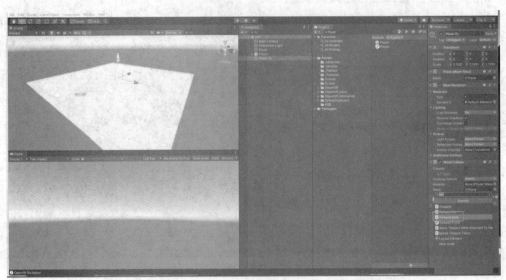

图 5.39　搜索代码

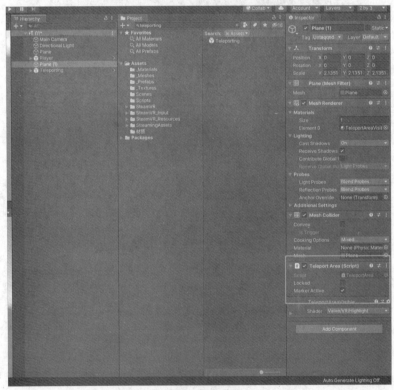

图 5.40　添加代码

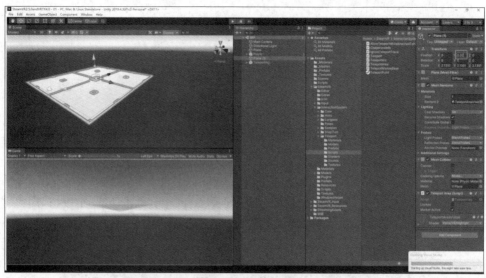

图 5.41　调整位置

图 5.42　删除 Main Camera

图 5.43　瞬移功能的实现

5.3　实例讲解

5.3.1　进入房间开门案例设计开发

在上一个案例中，能够调用 SteamVR 内置参数，完成镜头的设置，并且可以实现头戴式显示器的连接和观察，以及瞬移功能的实现，本案例通过进入房间开门案例的设计开发，为 SteamVR 的内置功能扩展出更具有交互性的案例。

（1）打开刚刚已经配置好环境的 SteamVR2.5.0andVRTK4.0 项目后，导入 CircularDrive_Door.unitypackage 包到项目中，将文件拖动到 Assets 面板上，单击 Import 按钮，即可导入。unitypackage 包如图 5.44 所示，导入面板如图 5.45 所示。

图 5.44　unitypackage 包

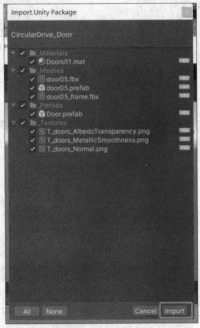

图 5.45　导入面板

（2）导入成功后右击 Hierarchy 面板，在弹出的快捷菜单中执行 Create→3D Object→Plane 命令，完成后在 Project 面板上方搜索框内搜索 Door 预制体，搜索成功后将 Door 拖动到场景中，拖入成功后完成场景的搭建，场景搭建如图 5.46 所示。

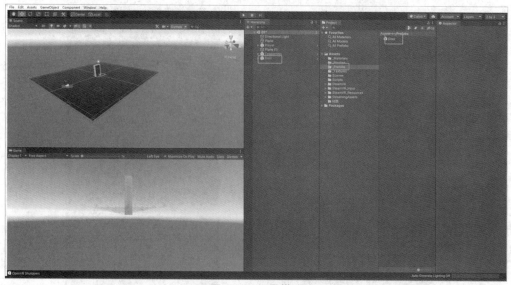

图 5.46　场景搭建

（3）选择 Hierarchy 面板下 Door 选项的下拉菜单中的 SM_frame05 选项，选中后单击上方工具栏内 Center 按钮切换模式，将坐标点切换成 Pivot 模式。模式切换如图 5.47 所示。

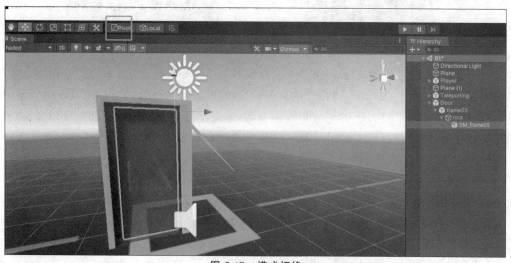

图 5.47　模式切换

（4）再次选中物体 SM_frame05，在其 Inspector 面板下方单击 Add Component 按钮添加代码，在其下方搜索框内搜索 Circular Drive 代码，搜索成功后单击 Circular Drive 代码按钮即可添加至物体 SM_frame05 的 Inspector 面板上。添加 Circular Drive 代码如图 5.48 所示。

添加代码完成的同时，物体 SM_frame05 同时也会被添加一个 Interactable 代码证明物体目前属于可交互对象，可以实现交互功能，同时 Circular Drive 代码可以实现现实世界的开关门的效果。代码添加结果示意图如图 5.49 所示。

图 5.48　添加 Circular Drive 代码

图 5.49　代码添加结果示意图

（5）在这里只需修改 Circular Drive 的属性 Axis Of Rotation 选项，选择 Axis Of Rotation 选项为 Y Axis 选项，待操作的对象让其围绕 Y 轴进行旋转。如果有其他需求，也可以通过更改 Circular Drive 的属性里面的参数，来更细致地规定门的旋转角度以及运行时门的初始角度，在这里只对 Circular Drive 的 Axis Of Rotation 属性进行调整。属性调整，如图 5.50 所示。

（6）完成后再次在其 Inspector 面板上单击 Add Component 按钮添加组件，在其下方搜索框内搜索 Box Collider 组件，搜索成功后单击 Box Collider 组件按钮即可添加至物体 SM_frame05 的 Inspector 面板上。Box Collider 组件帮助控制器进行交互触发。添加 Box Collider 组件如图 5.51 所示。

（7）添加成功后，调整 Box Collider 的大小以及位置，将 Box Collider 放置在门把手处后，单击 Box Collider 组件下方■按钮，修改 Box Collider 的大小范围。碰撞包围盒调整后效果图如图 5.52 所示。

（8）调整完成后单击▶按钮，运行项目，同时戴好头戴式显示器后，移动至门把手处，按下控制器扳机键后拉动门把手，即可实现开门功能。开门功能实现如图 5.53 所示。

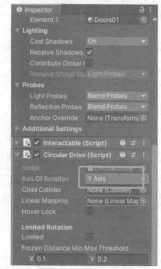

图 5.50　属性调整

图 5.51　添加 Box Collider 组件

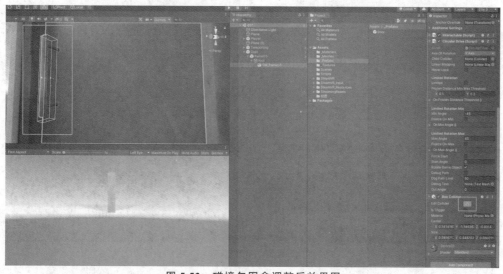

图 5.52　碰撞包围盒调整后效果图

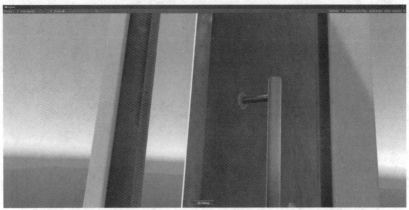

图 5.53 开门功能实现

通过以上小功能的开发教学，可以了解到 HTC Vive 虚拟现实设备能够准确灵敏地识别人体的细小动作。

5.3.2 少儿个体化元宇宙康复平台的设计与实现

少儿个体化元宇宙康复平台是一款通过 Unity 3D 开发的 SteamVR 互动体感项目，案例中将结合 VR 抓取、场景漫游卡牌游戏以及 VR 场景切换等核心功能进行项目构建。案例中将遵循游戏的设计原则，设置了记分功能并对以往成绩进行了存储，通过这些方式使得游戏更加完整。在详细步骤描述前，先对项目中的核心功能进行学习。

1. VR 抓取

在 VR 中实现抓取功能点需要将 SteamVR 插件导入，在 SteamVR 中会有内置的代码实现手部抓取物体的功能，实现该功能的前提是物体必须有 Box Collider，且要拥有 Rigidbody 组件，同时要调整物体本身的参数。VR 抓取如图 5.54 所示。

图 5.54 VR 抓取

例如，在该场景内若要实现抓取面板中 Book 物体就必须保证该物体挂载有 Box Collider，有 Rightbody 组件，同时为该物体添加代码，单击 Add Compontent 按钮，搜索

Interactable 代码单击挂载到想要实现抓取的物体上,再次搜索 Throwable 代码单击挂载到想要实现抓取的物体上。抓取实现代码挂载如图 5.55 所示。

  同时调整 Rigidbody 组件取消勾选物体重力,并将物体轴向锁定勾选,可以确保物体在运行时不会掉落。Rigidbody 组件调整如图 5.56 所示。

图 5.55 抓取实现代码挂载

图 5.56 Rigidbody 组件调整

运行后其效果如图 5.57 所示。

图 5.57 运行效果图

2. VR 场景切换

在 VR 场景内切换场景的方法有多种，在 VR 中切换场景需要注意，若两个场景都有 Player 需要在切换场景时将本身场景的 Player 通过代码去销毁，否则会出现同一个场景有两个玩家的情况，会导致项目无法正常运行，同时在切换场景时，需要将每一个场景都渲染好，避免出现场景过黑的情况。

```csharp
public class LoadScene_one : MonoBehaviour
{
    public GameObject a1;
    public GameObject a2;
    public GameObject a3;
    public GameObject a4;
    public GameObject a5;
    public GameObject a6;
    //Start is called before the first frame update
    void Start()
    {

    }

    //Update is called once per frame
    void Update()
    {

    }
    public void OnClikc()
    {
        SceneManager.LoadScene("漫游");
        Destroy(a1);
    }
    public void OnClick_two()
    {
        SceneManager.LoadScene("项目 6");
        Destroy(a2);
    }
    public  void OnClick_three()
    {
        SceneManager.LoadScene("阅览室");
        Destroy(a3);
    }
}
```

上述具体的功能点已经讲解清晰，接下来开始在 Unity 3D 内进行整体项目构建。

(1) 使用 Unity Hub 打开 SteamVR 2.5.0 and VRTK 4 项目将文件夹内素材导入场景内，素材如图 5.58 所示，导入素材如图 5.59 所示。

(2) 在项目中 Assests 面板上右击，在弹出的快捷菜单中执行 Create→Scene 命令，新创建一个场景，并命名为 01，命名完成后双击 ⏴，打开 01 场景后删除场景中的 Directional

| 少儿个体化元宇宙复训练平台的设计与... | 2022/8/27 21:08 | 360压缩 ZIP 文件 | 391,538 KB |
| 少儿元宇宙个体化 | 2022/8/26 18:22 | Unity package file | 92,148 KB |

图 5.58　素材

图 5.59　导入素材

Light、Main Camera 物体,在 Project 面板上方搜索框内搜索 Teleporting 预制体、Player 预制体,搜索成功后将 Teleporting 预制体、Player 预制体拖动到场景中实现玩家移动功能并监听人物移动范围。右击 Hierachy 面板,在弹出的快捷菜单中执行 Create→UI→Canvas 命令,并将其重命名为"页面",完成后将 Inspector 面板下的 Canvas 组件内的 Render Mode 属性修改为 World Space,将其子物体重命名为1,选中1后在其 Inspector 面板下的 Image 组件内修改其 Source Image 属性为素材包内对应素材。修改完成后调整位置如图5.62所示,世界坐标转换如图5.60所示,素材替换如图5.61所示。

　(3) 完成后为场景内需要交互的"开心游乐场""翻转小卡牌""阅读小天地"的三个模块 UI 添加 Button 组件,选中刚刚命名为1的子物体后,右击,在弹出的快捷菜单中执行 Create→UI→Button 命令,完成后将每一个 Button 下添加 Box Collider 组件保证物体与手部产生接触触发功能,在 Inspector 面板下方单击 Add Component 按钮添加代码,在其下方搜索框内搜索 Box Collider 组件,搜索成功后单击 Box Collider 组件按钮即可添加到相应 Button 的 Inspector 面板上。每一个 Button 都需要添加一个 Box Collider 组件。新建 Button 如图5.63所示,添加 Box Collider 组件如图5.64所示。

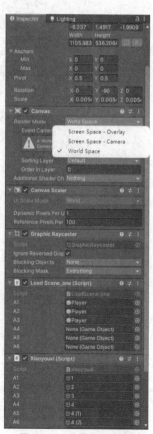

图 5.60　世界坐标转换

图 5.61　素材替换

图 5.62　调整位置

图 5.63　新建 Button

图 5.64 添加 Box Collider 组件

（4）完成后右击 Project 面板空白处，在弹出的快捷菜单中执行 Create→C♯Script 命令，并重命名为 LoadScene_one，写入以下代码。

```
public class LoadScene_one : MonoBehaviour
{
    public GameObject a1;
    public GameObject a2;
    public GameObject a3;
    public GameObject a4;
    public GameObject a5;
    public GameObject a6;
    //Start is called before the first frame update
    void Start()
    {

    }
```

```
//Update is called once per frame
void Update()
{

}
public void OnClikc()
{
    SceneManager.LoadScene("漫游");
    Destroy(a1);
}
public void OnClick_two()
{
    SceneManager.LoadScene("项目6");
    Destroy(a2);
}
public  void OnClick_three()
{
    SceneManager.LoadScene("阅览室");
    Destroy(a3);
}
}
```

（5）完成后将 LoadScene_one 代码挂载至"页面"内，完成后选中 Button 选项，在其 Inspector 面板下方单击 Add Component 按钮添加代码，在其下方搜索框内搜索 UI Element 代码，搜索成功后单击 UI Element 代码按钮即可添加至相应 Button 的 Inspector 面板上。LoadScene_one 代码挂载如图 5.65 所示，UI Element 代码挂载如图 5.66 所示。

图 5.65　LoadScene_one 代码挂载

（6）完成后在 Inspector 面板 UI Element 代码内，新增 On Click()事件，将"页面"拖动到 On Click()选项中并选择"页面"物体拖动绑定在 On Click()上，并选择 LoadScene_one. On Click()事件，完成后，当用手部接触按下扳机键即可实现场景来回切换的效果。设置 On Click()事件如图 5.67 所示。

图 5.66 UI Element 代码挂载

图 5.67 设置 On Click()事件

（7）完成 01 场景搭建后新建场景漫游，在项目中 Assests 面板上右击，在弹出的快捷菜单中执行 Create→Scene 命令，新建一个场景，并命名为"漫游"，命名完成后双击，打开漫游场景后删除场景中的 Directional Light、Main Camera 物体后，在 Project 面板上方搜索框内搜索 Teleporting 预制体、Player 预制体，搜索成功后将 Teleporting 预制体、Player 预制体拖动到场景中实现玩家移动功能并监听人物移动范围。右击 Hierachy 面板，在弹出的快捷菜单中执行 Create→UI→Canvas 命令，并将其重命名为"页面"，完成后将 Inspector 面板下的 Canvas 组件内的 Render Mode 属性修改为 World Space，将其子物体重命名为 Panel，选中 Panel 后在其 Inspector 面板下的 Image 组件内修改其 Source Image 属性为素材包内对应素材。修改完成后调整漫游位置如图 5.68 所示。漫游对应素材如图 5.69 所示。VR 坐标转换如图 5.70 所示。

图 5.68　修改完成后调整漫游位置

图 5.69　漫游对应素材

（8）在漫游场景内主要实现的功能有漫游功能，同时也要实现 01 场景与漫游场景之间相互切换的功能，保证两个场景之间都可进入和离开，因此首先右击 Hierachy 面板，在弹出的快捷菜单中执行 Create→3D object→Plane 命令新建地面，完成后在 Plane 的 Inspector 面板下方单击 Add Component 按钮添加代码，在其下方搜索框内搜索 Teleport Area，搜索成功后单击 Teleport Area 代码按钮即可添加至 Plane 的 Inspector 面板上。添加完成后调整 Plane 的 Inspector 面板下的 Transform 模块 Position Y 的值为 0.01，保证规定范围的地面与原地面没有重合即可。Teleport Area 代码添加如图 5.71 所示。

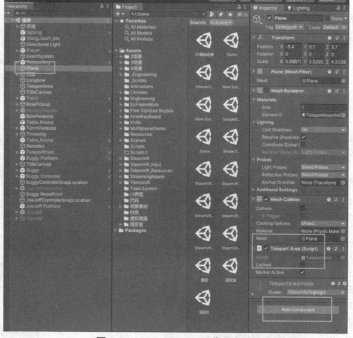

图 5.70 VR 坐标转换   图 5.71 Teleport Area 代码添加

（9）完成后为场景内需要交互的"玩累了，回去休息下"的 UI 添加 Button 组件，选中刚刚命名为"页面"的物体，右击，在弹出的快捷菜单中执行 Create→UI→Button 命令，并将其重命名 Button(1)，完成后在 Button(1)下添加 Box Collider 组件保证物体与手部产生接触触发功能，在 Inspector 面板下方单击 Add Component 按钮添加代码，在其下方搜索框内搜索 Box Collider 组件，搜索成功后单击 Box Collider 组件按钮即可添加至相应 Button 的 Inspector 面板上。新建 Button(1)及其位置调整如图 5.72 所示。

（10）完成后将 LoadScene_one 代码挂载至"页面"内，完成后选中 Button(1)选项，在其 Inspector 面板下方单击 Add Component 按钮添加代码，在其下方搜索框内搜索 UI Element 代码，搜索成功后单击 UI Element 代码按钮即可添加至相应 Button(1)的 Inspector 面板上。Button(1) UI Element 代码挂载如图 5.73 所示。

（11）完成后在 Inspector 面板 UI Element 代码内，新增 On Click()事件，将"页面"拖动到 On Click()选项中并选择"页面"物体拖动到 On Click()上，并选择 LoadScene_one.On click()事件，完成后，当用手部接触按下扳机键即可实现场景来回切换的效果。Button(1)设置 On Click()事件如图 5.74 所示。

图 5.72　新建 Button(1)及其位置调整

图 5.73　Button(1) UI Element 代码挂载

图 5.74　Button(1)设置 On Click ()事件

（12）完成漫游场景搭建后新建场景阅览室，在项目中 Assests 面板上右击，在弹出的快捷菜单中执行 Create→Scene 命令，新建一个场景，并命名为"阅览室"，命名完成后双击，打开阅览室场景后删除场景中的 Directional Light、Main Camera 物体后，在 Project 面板上方搜索框内搜索 Teleporting 预制体、Player 预制体，搜索成功后将 Teleporting 预制体、Player 预制体拖动到场景中实现玩家移动功能并监听人物移动范围。右击 Hierachy 面板，在弹出的快捷菜单中执行 Create→UI→Canvas 命令，并将其重命名为"页面"，完成后将 Inspector 面板下的 Canvas 组件内的 Render Mode 属性修改为 World Space 后，将其子物体重命名为 Panel，选中 Panel 后在其 Inspector 面板下的 Image 组件内修改其 Source Image 属性为素材包内对应素材。修改完成后调整位置及坐标转换，如图 5.75 所示。阅览室对应素材如图 5.76 所示。

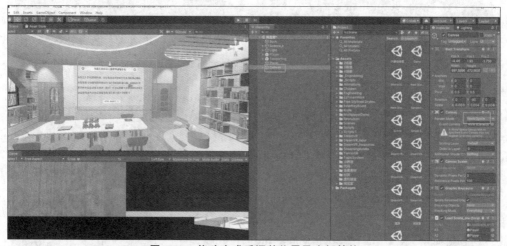

图 5.75　修改完成后调整位置及坐标转换

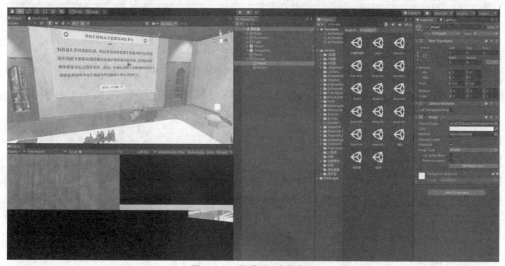

图 5.76　阅览室对应素材

（13）完成后为场景内需要交互的"玩累了，回去休息下"的 UI 添加 Button 组件，选中刚刚命名为"页面"的物体后，右击，在弹出的快捷菜单中执行 Create→UI→Button 命令，并将其重命名 Button，完成后在 Button 下添加 Box Collider 组件保证物体与手部产生接触触发功能，在 Inspector 面板下方单击 Add Component 按钮添加代码，在其下方搜索框内搜索 Box Collider 组件，搜索成功后单击 Box Collider 组件按钮即可添加至相应 Button 的 Inspector 面板上。按钮及其位置调整如图 5.77 所示。

图 5.77　按钮及其位置调整

（14）完成后将 LoadScene_one 代码挂载至"页面"内，完成后选中 Button 选项，在其 Inspector 面板下方单击 Add Component 按钮添加代码，在其下方搜索框内搜索 UI Element 代码，搜索成功后单击 UI Element 代码按钮即可添加至相应 Button 的 Inspector 面板上。挂载完成后在 Inspector 面板 UI Element 代码内，新增 On Click()事件，将"页面"拖动到 On Click()选项中并选择"页面"物体拖动绑定在 On Click()上，并选择 LoadScene_one.On click()事件，完成后即可实现单击按钮进行场景切换效果。按钮切换场景事件设置如图 5.78 所示。

（15）场景切换功能完成后，开始实现抓取功能，找到场景内书架的模型，这里以一本书为例，在 SteamVR 中会有内置的代码实现手部抓取物体的功能，实现该功能的前提是物体必须有 Box Collider，且要拥有 Rightbody 组件，同时要调整物体本身的参数。场景内若要实现抓取面板中 Book 物体就必须保证该物体挂载有 Box Collider，有 Rightbody 组件，同时为该物体添加代码，选中 Book 后在其 Inspector 面板下方单击 Add Component 按钮添加代码，在其下方搜索框内搜索 Interactable 代码，搜索成功后单击 Interactable 代码按钮即可添加到想要实现抓取的物体上，完成后再次搜索 Throwable 代码单击挂载到想要实现抓取的物体上。除此之外按照同样的方法分别将 Box Collider 组件以及 Rightbody 组件也挂载在 Book 上。抓取代码挂载如图 5.79 所示。

（16）Rigidbody 的参数调整可以赋予物体真实的重力

图 5.78　按钮切换场景事件设置

系统,让玩家更真实地体验抓取书本和丢出去的效果,但是与书本碰撞的物体同样需要 Box Collider 组件,并且取消勾选 Is Trigger,才能发生无力的碰撞,保证重力在合理的范围内才可以避免两物体都被撞飞的情况。Rigidbody 参数设置如图 5.80 所示。

图 5.79　爬取代码挂载

图 5.80　参数设置

(17) 完成后为场景内需要交互的“玩累了,回去休息下”的 UI 添加 Button 组件,选中刚刚命名为 Canvas 的物体后,右击,在弹出的快捷菜单中执行 Create→UI→Button 命令,并将其重命名 Button,完成后在 Button 下添加 Box Collider 组件保证物体与手部产生接触触发功能,在 Inspector 面板下方单击 Add Component 按钮添加代码,在其下方搜索框内搜索 Box Collider 组件,搜索成功后单击 Box Collider 组件按钮即可添加至相应 Button 的 Inspector 面板上。完成后在 Inspector 面板 UI Element 代码内,新增 On Click()事件,将“页面”拖动到 On Click ()选项中并选择“页面”物体拖动绑定在 On Click()上,并选择 LoadScene_one.On click()事件,完成后,当用手部接触按下扳机键即可实现场景来回切换的效果。Button 设置 On Click ()事件的参数设置如图 5.81 所示。

图 5.81　Button 设置 On Click（）事件的参数设置

以上即为《少儿个体化元宇宙康复平台的设计与实现》案例的设计开发的全过程,在项目制作过程中根据书中步骤即可完成完整项目制作,熟练后可尝试将本案例中相关代码应用到个人原创项目中。

5.4　本章小结

本章主要针对 HTC Vive 虚拟现实设备的内置参数进行开关门演示、场景跳转、物体抓取、UI 设计等几个五级项目学习 HTC Vive 虚拟现实设备开发的知识点,最终通过四级项目《少儿个体化元宇宙康复平台的设计与实现》案例的设计制作和动画、抓取、场景跳转等核心功能进行项目构建。用户通过 HTC Vive 虚拟现实设备进入游戏,之后通过对 HTC Vive 虚拟现实设备控制器节点的获取作为作品中的主角从而进行操控,达到互动的效果。案例中遵循了体感交互游戏的设计原则,设置了记分功能并对以往成绩进行了存储,通过这些交互以及交互后的加分反馈等方式使得作品更加完整。

5.5 课后作业

(1) 使用 HTC Vive 虚拟现实设备进行开关门的操作;

(2) 掌握人机交互中 HTC Vive 虚拟现实设备的开发理论知识和编码知识;

(3) 运用 Unity 3D 引擎,完成《少儿个体化元宇宙康复平台的设计与实现》案例进行体感交互项目的设计制作,并运用项目中所学知识自主设计具有实际应用价值的体感交互项目;

(4) 填写实验报告。

5.6 实验:HTC Vive 虚拟现实交互技术

一、实验目的

熟悉 HTC Vive 虚拟现实交互技术的基本概念和主要内容;

针对虚拟现实技术教学实验实施不便、实验设备搭建和维护麻烦等问题,提出利用 HTC Vive 虚拟现实交互技术,进行相关虚拟场景内的交互。

二、工具/准备工作

安装有浏览器的计算机一台、HTC Vive 虚拟现实交互设备。

三、实验内容与步骤

1. 概念理解

(1) 什么是 HTC Vive 虚拟现实交互技术?

(2) 从"HTC Vive 虚拟现实交互技术交互应用"来看,介绍 HTC Vive 虚拟现实交互技术的最新发展,并简单谈谈感想。

HTC Vive 虚拟现实交互技术实验记录

功能名称: 实现效果: 主要内容描述:

你认为最重要的两个 HTC Vive 虚拟现实交互技术应用案例:

(1) 案例名称:

(2) 案例应用环境:

分析各个 HTC Vive 虚拟现实交互技术网站当前的技术热点

(1) 名称:

技术热点:

(2) 名称:

技术热点:

讨论议题：

(1) 举例说明在日常生活中能感受到 HTC Vive 虚拟现实交互技术发展的情境。

(2) 举例说明 HTC Vive 虚拟现实工具列表。

(3) 举例说明数字产品或服务中 HTC Vive 虚拟现实工具的模型。

四、实验内容与步骤

五、实验评价（教师）

第 ⟨6⟩ 章

数据库交互案例设计开发

数据库连接可以促进交互案例的多种形式转换,对于多模态的人机交互研究具有参考意义。所谓"模态",英文是 Modality,通俗讲,就是"感官",多模态即将多种感官融合。Turing OS 机器人操作系统将机器人与人的交互模式定义为"多模态交互",即通过文字、语音、视觉、动作、环境等多种方式进行人机交互,充分模拟人与人之间的交互方式。这一交互方式复合机器人类产品的形态特点和用户期待,打破了传统 PC 式的键盘输入和智能手机的点触式交互模式。从发展趋势可以看出传统按键的交互方式,已经转变为触控、语音、手势识别等多模态融合的人机交互模式。如语音输入"我想看看学校里面的图书馆",需要一个描述准确的完整语句才能完成;而如果采用多模态的交互方式,只需要用手指控制交互对象或者通过眼动追踪再叠加语音即可更加准确地实现上述交互目的,由此可以看出通过视觉方式可以有更好的指向性,如人们口头上经常说的"那、这"等代词在语义上容易产生多义性,使用手势就不会产生此类问题,但是通过语音有时可以更准确地描述对象。在"简书"创作社区中,微软亚洲研究院对于多模态自然人机交互主要分为 3 个模块的理解,分别是信息多模态交互信息输入、多模态交互信息融合和处理、多模态交互信息反馈。其中,信息多模态交互信息输入模块主要接收来自人的"视、听、触、嗅、味"五感信息,然后借助多模态交互信息融合和处理模块,形成"感"觉和认知,并根据专家知识库系统和检索技术形成对用户的信息反馈,构建出多模态自然人机交互系统。

从自然人机交互的发展趋势看,高度便利的多模态自然人机口语对话模式是最为自然和最理想的人机交互方式。比如,利用大连东软信息学院构建的一个多模态自然人机交互系统,用户可以自由地和两个设置有不同聊天主题的数字虚拟人交互,对话主题包括咖啡、天气、科普、娱乐等。这种新型的多通道融合的人机对话模式,是下一代新型人机界面操作模式的有效探索。那么在本章中主要将这种多模态的人机交互技术应用于虚拟仿真实验,通过构建《示波器虚拟仿真预习系统》来将知识点进行整合,并且以此为依托,在更多的可体现感觉和认知的实验中进行多模态的人机交互的运用。

教学的重点和难点

- Unity 3D 与 MySQL 数据库的交互；
- 网络的搭建；
- 虚拟仿真实验中的交互行为。

学习指导建议

- 重点掌握 MySQL 数据库的增、删、改、查等基本功能，能够和 Unity 3D 进行交互，形成数据的存储和保护；
- Unity 3D 中的多线程技术和网络技术；
- 强化练习 Unity 3D 基本功能以及如何进行体感设备的扩展，可进行多模态交互方式在项目中的大量编码练习，以达到熟练使用的程度。

在本章中的学习不仅仅局限于教材，更多地参考本书的配套资源，多模态的自然人机交互方式可以说是更加智能化、精确化，那么必须掌握好基础的数据库应用和网络运用，同时举一反三进行体感设备的交互方式研发。

视频讲解

6.1 Unity 3D 与 MySQL 数据库的交互

6.1.1 MySQL 数据库的介绍和安装

1. 数据库的介绍

MySQL 是一种开放源代码的关系数据库管理系统（RDBMS），MySQL 数据库系统使用最常用的数据库管理语言——结构化查询语言（SQL）进行数据库管理。由于 MySQL 是开放源代码的，因此用户可以在 General Public License 的许可下下载并根据个性化的需要对其进行修改。MySQL 因为其速度快、可靠性和适应性而备受关注。大多数用户认为在不需要事务化处理的情况下，MySQL 是管理内容较好的选择。

如今很多大型网站已经选择 MySQL 数据库存储数据。MySQL 数据库的使用非常广泛，尤其是在 Web 应用方面。由于 MySQL 数据库发展势头迅猛，Sun 公司于 2008 年收购了 MySQL 数据库，收购价格高达 10 亿美元，这足以说明 MySQL 数据库的价值。MySQL 数据库有很多优势，MySQL 是开放源代码的数据库，MySQL 具有跨平台性、价格优势、功能强大且使用方便等优势。一些简单的 SQL 命令如下。

（1）使用 SHOW 语句查找在服务器上当前存在的数据库。

```
MySQL> SHOW DATABASES;
```

（2）创建一个数据库 MySQLDATA。

```
MySQL> CREATE DATABASE MySQLDATA;
```

（3）选择已创建的数据库。

```
MySQL> USE MySQLDATA;
```

注意：按 Enter 键出现 DATABASE CHANGED 时说明操作成功。

（4）查看当前数据库中存在的数据表。

```
MySQL> SHOW TABLES;
```

（5）创建一个数据表。

```
MySQL> CREATE TABLE MYTABLE (name VARCHAR(20), sex CHAR(1));
```

（6）显示表的结构。

```
MySQL> DESCRIBE MYTABLE;
```

（7）向表中加入记录。

```
MySQL> INSERT INTO MYTABLE VALUES ("hyq","M");
```

（8）用文本方式将数据装入数据表中（如 D:/MySQL.txt）。

```
MySQL> LOAD DATA LOCAL INFILE "D:/MySQL.txt" INTO TABLE MYTABLE;
```

（9）导入 .sql 文件命令（如 D:/MySQL.sql）。

```
MySQL>USE DATABASE;
MySQL>SOURCE d:/MySQL.sql;
```

（10）删除表。

```
MySQL>DROP TABLE MYTABLE;
```

（11）清空表。

```
MySQL>DELETE FROM MYTABLE;
```

（12）更新表中数据。

```
MySQL>UPDATE MYTABLE set sex="f" where name='hyq';
```

2. 数据库的安装

（1）进入 MySQL 官网（网址详见前言二维码），进入 DOWNLOADS→Windows 界面，单击 MySQL Installer 按钮进入下一界面。MySQL 官网如图 6.1 所示。

（2）单击下方的 Download 按钮后选择不登录（No thanks, just start my download.）即可下载 MySQL 数据库的安装包。下载安装包如图 6.2 所示。

（3）下载完成后双击打开安装包开始安装。

勾选 I accept the license terms 复选框接受协议，单击 Next 按钮进入下一步，如图 6.3 所示。

图 6.1　MySQL 官网

图 6.2　下载安装包

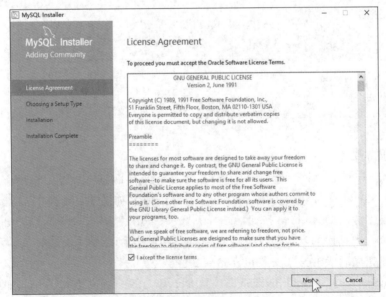

图 6.3　接受协议

（4）选择 Developer Default 选项，完成后单击 Next 按钮进入下一步，选择类型如图 6.4 所示。

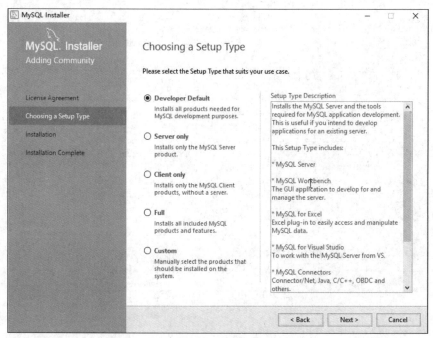

图 6.4　选择类型

不勾选任何选项，直接单击 Next 按钮进入下一步，如图 6.5 所示。

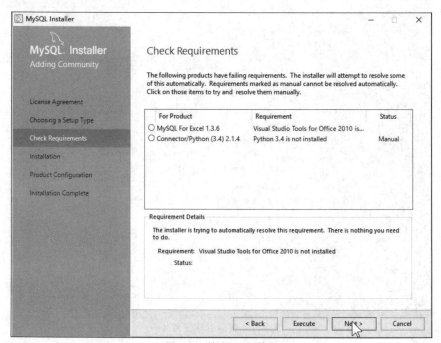

图 6.5　单击 Next 按钮

完成后，直接单击 Execute 按钮开始安装，如图 6.6 所示。

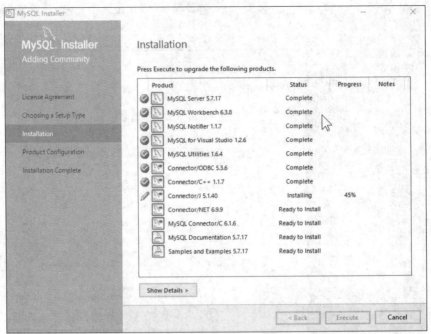

图 6.6   单击 Execute 开始安装

（5）安装完成后开始配置默认数据。

保持默认设置，直接单击 Next 按钮进入下一步，如图 6.7 所示。

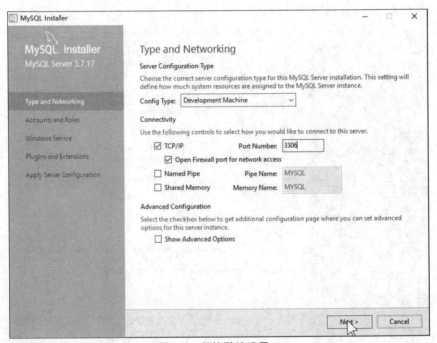

图 6.7   保持默认设置 1

输入两次管理密码，自行添加用户（可以不添加）后，单击 Next 按钮进入下一步，如图 6.8 所示。

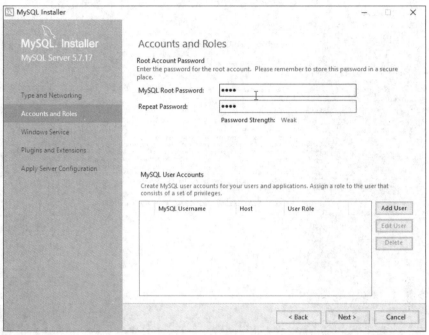

图 6.8 自行添加用户

保持默认配置后,单击 Next 按钮进入下一步,如图 6.9 所示。

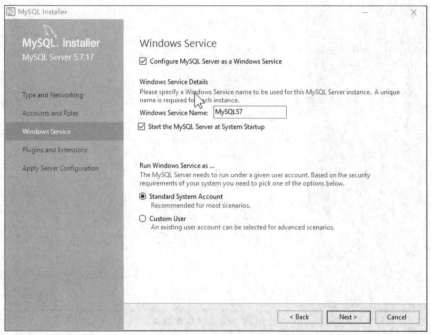

图 6.9 保持默认设置 2

仍旧保持默认配置,单击 Next 按钮进入下一步,如图 6.10 所示。

继续保持默认配置,直接单击 Execute 按钮开始执行即可,如图 6.11 所示。

执行完毕后,单击 Next 按钮进入下一步,开始配置第二项默认数据,如图 6.12 所示。

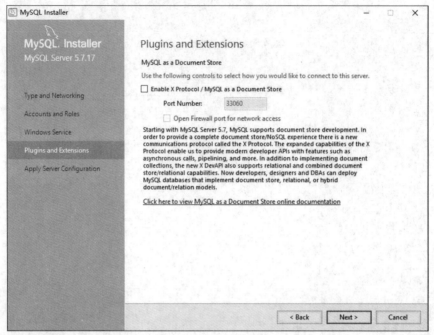

图 6.10　保持默认设置 3

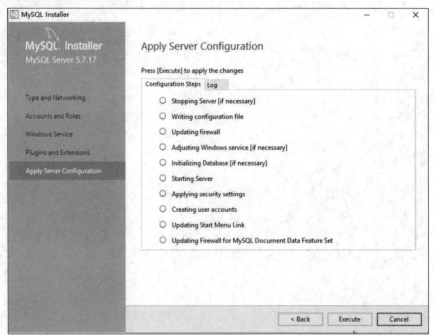

图 6.11　保持默认设置 4

保持默认配置，单击 Next 按钮进入下一步，如图 6.13 所示。

单击 Execute 按钮开始执行，如图 6.14 所示。

等待安装完成后，一直单击 Next 按钮到安装结束即可，安装结束界面如图 6.15 所示。

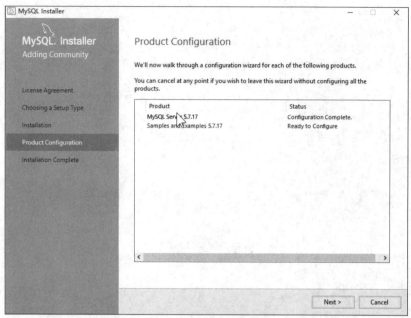

图 6.12 配置第二项默认数据

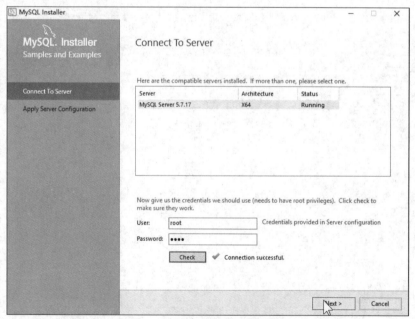

图 6.13 第二项默认数据配置中

6.1.2 Unity 3D 与 MySQL 数据库的增、删、改、查

在 MySQL 的数据库中对于数据的增、删、改、查等处理都有其自身相对应的语句,当用 Unity 3D 与 MySQL 数据库连接时,调用数据库信息的本质便是使用 Unity 3D 将相应的 MySQL 指令发送给 MySQL 数据库并得到相应的反馈信息。

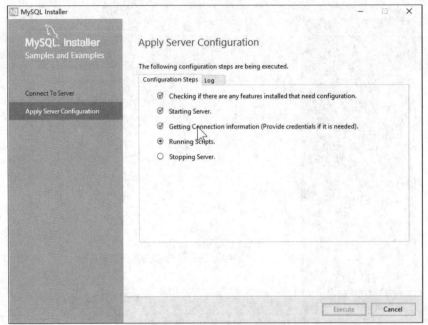

图 6.14 单击 Execute 按钮开始执行

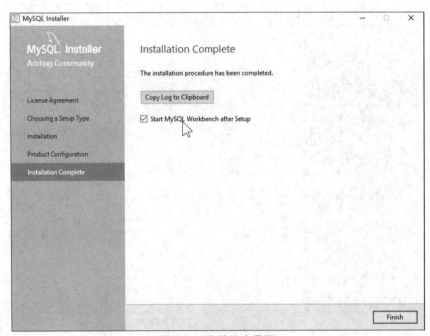

图 6.15 安装结束界面

（1）首先声明以下变量：数据库地址（默认本地 localhost /127.0.0.1）、端口号、数据库名称、用户名和密码。

```
Public static string constr = "server = localhost ;
port = 3306; database = StudentDB; user = root; password=*** ";
```

（2）增——增加数据库中的信息。

```
public void InsertData(string tableName,string[] header,string[] data){
    Using( MySQLConnection conn = new MySQLConnection(constr)){
        conn.Open();
String sql ="INSERT INTO tableName (header)values(data);";
MySQLCommand cmd = new MySQLCommand(sql, conn);
            int result = cmd.ExecuteNonQuery();
        conn.Close();
    }
}
```

（3）删——删除数据库中的信息。

```
public void DeleteData(string tableName,string header)
{
    MySQLConnection conn = new MySQLConnection(constr);
    conn.Open();
    string sql = " Delete From"+ tableName+" Where"+ header+" = "+data+ ";";
    MySQLCommand cmd = new MySQLCommand(sql, conn);
    int result = cmd.ExecuteNonQuery();
    conn.Close();
}
```

（4）改——修改数据库中的信息。

```
public void DeleteData(string tableName,string SeaHeader,string SeaData,
string UpdHander,string UpdData)
{
    MySQLConnection conn = new MySQLConnection(constr);
        conn.Open();
    string sql = "UPDATE"+ tableName + " SET " + UpdHander + " = " + UpdData + "
WHERE " + SeaHeader + "="+SeaData+";"
MySQLCommand cmd = new MySQLCommand(sql, conn);
        int result = cmd.ExecuteNonQuery();
    conn.Close();
}
```

（5）查——查找数据库中的信息。

```
public string SelectData(string tableName,string header)
{
    using (MySQLConnection conn = new MySQLConnection(constr))
    {
        conn.Open();
        string sql = "SELECT * FROM " + tableName + " where " + header + " = "+
data +";";
        MySQLCommand cmd = new MySQLCommand(sql, conn);
        MySQLDataReader reader = cmd.ExecuteReader();
```

```
        reader.Read();
String str=reader[n].ToString();
        conn.Close();
        return str;
    }
}
```

视频讲解

6.2 Unity 3D 中的多线程技术和网络技术

网络通信一般都基于两种协议，即 TCP 与 UDP，所以要学习网络通信，首先要对这两种协议有基本的了解。相比较而言，TCP 比较稳定但速度较慢，UDP 速度快但并不稳定，具体说明如下。

TCP 是面向连接的（如打电话要先拨号建立连接），UDP 是面向无连接的，即发送数据前不需要建立连接。同时 TCP 提供可靠的服务，通过校验和、重传控制、序号标识、滑动窗口、确认应答实现可靠传输。如丢包时的重发控制，还可以对次序乱掉的分包进行顺序控制。也就是说，通过 TCP 连接传送的数据，无差错，不丢失，不重复，且按序到达；UDP 尽最大努力交付，即不保证可靠交付。而 UDP 具有较好的实时性，工作效率比 TCP 高，适用于对高速传输和实时性有较高的通信或广播通信。每一条 TCP 连接只能是点到点的；UDP 支持一对一、一对多、多对一和多对多的交互通信。相比之下，TCP 对系统资源要求较多，UDP 对系统资源要求较少。

6.2.1 基于 Unity 3D Network 开发网络

众所周知，Unity 3D 使用的编程语言是 C♯，然而 C♯ 并没有自己的库类，所使用的库类都是.Net 框架中的类库——.Net FrameWork SDK。在.Net FrameWork SDK 中为网络编程提供了两个命名空间："System.NET"和"System.net.Sockets"。C♯ 就是通过这两个命名空间中封装的类和方法实现网络通信的。

首先介绍在网络编程时经常遇到的 4 个概念：同步（Synchronization）方式、异步（Asynchronous）方式、阻塞（Block）套接字和非阻塞（Unblock）套接字。同步方式是指在两个或多个数据库、文件、模块、线程之间用来保持数据内容一致性的机制。阻塞套接字是指执行此套接字的网络调用时，直到调用成功才返回，否则此套接字就一直阻塞在网络调用上，比如调用 StreamReader 类的 ReadLine()方法读取网络缓冲区中的数据，如果调用时没有数据到达，那么此 ReadLine()方法将一直挂在调用上，直到读取一些数据，此函数调用才返回。非阻塞套接字是指在执行此套接字的网络调用时，不管是否执行成功，都立即返回。同样调用 StreamReader 类的 ReadLine()方法读取网络缓冲区中数据，不管是否读取数据都立即返回，而不会一直挂在此函数调用上。在 Windows 网络通信软件开发中，最为常用的方法就是异步非阻塞套接字。平常所说的 C/S（客户端/服务器端）结构的软件采用的方式就是异步非阻塞模式的。

但是在平时的网络开发中，并不需要了解这些原理和工作机制，因为在.Net FrameWork SDK 中已经把这些机制给封装好了。而基于 Unity 3D 的 Network 开发网络使用的便是 NetworkStream 对象,可以通过命名空间 System. IO 中封装的两个类 StreamReader 和 StreamWriter 实现对 NetworkStream 对象的访问。其中 StreamReader 类中的 ReadLine()方法就是从 NetworkStream 对象中读取一行字符;StreamWriter 类中的 WriteLine()方法就是在 NetworkStream 对象中写入一行字符串,从而实现在网络上传输字符串,具体的实现代码如下。

(1) 先声明以下变量。

```
public NetworkStream ntwStream;
private Socket Soc_rev;
    private IPEndPoint m_Ipe;
private string get_Mes = "get_Mes";
```

(2) 连接。

```
public void Connect()
{
tcpClient = new TcpClient();
tcpClient.Connect(IPAddress.Parse(ip(IP 地址)), port(端口号));   //ip 地址,端口
}
```

(3) 关闭连接。

```
public void Close()
    {
        tcpClient.Close();
}
```

(4) 发送。

```
public void Send()
    {
    PLCConnect();
ntwStream = tcpClient.GetStream();
if(ntwStream.CanWrite){
Byte[] byteSend = new byte[2]{0x00,0xFF};
ntwStream.Write(bytSend, 0, bytSend.Length);
PLCClose();
}
```

(5) 接收。

```
private void Receive(){
ntwStream = tcpClient.GetStream();
if(ntwStream.CanRead){
Byte[] bytReceive = new byte[tcpClient.ReceiveBufferSize];
ntwStream.Read(bytReceive, 0, tcpClient.ReceiveBufferSize);
String Rec=bytReceive[i].ToString();
}
    }
```

6.2.2　基于 Socket 开发网络

Socket 是一种特殊的 I/O 接口。常用的 Socket 类型有两种，分别为流式 Socket（SOCK_STREAM）和数据报式 Socket（SOCK_DGRAM）。在这里我们主要应用流式 Socket（SOCK_STREAM），流式 Socket（SOCK_STREAM）是一种面向连接的 Socket，针对于面向连接的 TCP 服务应用；数据报式 Socket 是一种无连接的 Socket，对应于无连接的 UDP 服务应用。

Visual C♯中可操作 Socket。虽然 Visual C♯可以使用 Network Stream 来传送、接收数据，但 Network Stream 在使用中有很大的局限性，利用 Network Stream 只能传送和接收字符型的数据，如果要传送的是一些复杂的数据类型如二进制数等，它就显得能力有限了。但使用 Network Stream 在处理自身可操作数据时，的确要比 Socket 方便许多。Socket（套接字）几乎可以处理任何在网络中需要传输的数据类型。

以下是 Socket 类中的常用属性和方法。

1. 属性

AddressFamily：获取 Socket 的地址族。

Available：获取已经从网络接收且可供读取的数据量。

Blocking：获取或设置一个值，该值指示 Socket 是否处于阻塞模式。

Connected：获取一个值，该值指示 Socket 是否已连接到远程资源。

Handle：获取 Socket 的操作系统句柄。

LocalEndPoint：获取本地终结点。

ProtocolType：获取 Socket 的协议类型。

RemoteEndPoint：获取远程终结点。

SocketType：获取 Socket 的类型。

2. 方法

Accept：创建新的 Socket 以处理传入的连接请求。

BeginAccept：开始一个异步请求。

BeginConnect：开始对网络设备连接的异步请求。

BeginReceive：开始从连接的 Socket 中异步接收数据。

BeginReceiveFrom：开始从指定网络设备中异步接收数据。

BeginSend：将数据异步发送到连接的 Socket。

BeginSendTo：向特定远程主机异步发送数据。

Bind：使 Socket 与一个本地终结点相关联。

Close：强制 Socket 连接关闭。

Connect：建立到远程设备的连接。

EndAccept：结束异步请求。

EndConnect：结束挂起的异步连接请求。

EndReceive：结束挂起的异步读取。

EndReceiveFrom：结束挂起的、从特定终结点进行异步读取。

EndSend：结束挂起的异步发送。

EndSendTo：结束挂起的、向指定位置进行的异步发送。

GetSocketOption：返回 Socket 选项的值。

Receive：接收来自连接 Socket 的数据。

ReceiveFrom：接收数据文报并存储源终结点。

Select：确定一个或多个套接字的状态。

Send：将数据发送到连接的 Socket。

SendTo：将数据发送到特定终结点。

SetSocketOption：设置 Socket 选项。

Shutdown：禁用某 Socket 上的发送和接收服务。

接下来，介绍 Socket 服务的完整语句。

变量声明的语句如下。

```
private Socket Soc_rev;                 //Socket 服务组件
private IPEndPoint m_Ipe;               //IP 地址信息配置
public bool isConnect;                  //连接状态判断
private float timer;                    //检测连接时间
private string get_Mes = "get_Mes";     //接收到的字符串
```

Socket 服务连接的语句如下。

```
public void Connect()
{
    //Socket 服务连接(TCP 协议)
    if (Soc_rev != null)
    {
        Soc_rev.Close();
        Soc_rev = null;
    }
    m_Ipe = new IPEndPoint(IPAddress.Parse("192.168.1.181"), 502);
     Soc_rev = new Socket(AddressFamily.InterNetwork, SocketType.Stream,
ProtocolType.Tcp);
    Soc_rev.Connect(m_Ipe);

}
```

发送数据的语句如下。

```
public void Send(){
    //发送数据,以 Byte 形式发送
    try
    {
        Byte[] bytSend = new byte[3];
        bytSend[0] = 0x00;
        bytSend[1] = 0x00;
        bytSend[2] = 0x00;
```

```
        Soc_rev.Send(bytSend);
    }
    catch
    {
        print("发送失败");
    }
```

接收数据的语句如下。

```
public void Receive()
{
    //接收数据,开辟一个1024大小的Byte空间,以存储接收到的数据。并用ASCII转换成字
    符串形式,用print方法打印出来
    Byte[] bytReceive = new byte[1024];
    Soc_rev.Receive(bytReceive);
    get_Mes = Encoding.ASCII.GetString(bytReceive);
    print(get_Mes);
}
```

数据库在进行深入学习时还是非常有用的,可以用来存储各种有意义的数据,然后再对其进行实时的可视化实时显示。来看一下具体的应用案例。

（1）双击 Project 面板的 Assets→Scenes 文件夹后单击  按钮,按 F2 键,对其重命名为 Main,修改之后,按 Enter 键保存,该场景为本系统的主界面。创建开始场景如图 6.16 所示。

（2）将光标移动至 Hierarchy 面板上,右击,在弹出的菜单中执行 Create→UI→Canvas→Panel 命令。建立 Panel 后,选中 Panel,在 Inspector 面板中双击选择 Image 属性下的 Color 属性的颜色条选项,在弹出的窗口中,将 Color 面板中 RGB 下方的 A（Alpha 值）调节至 255,让 Panel 变为不透明状态。调节 UI 透明度如图 6.17 所示。

图 6.16　创建开始场景

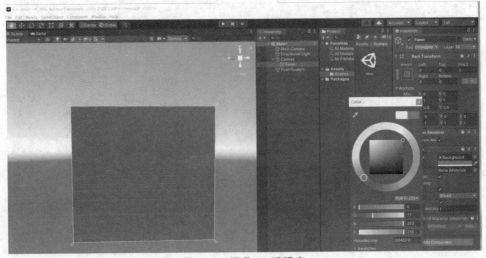

图 6.17　调节 UI 透明度

（3）执行 Create→UI→Text 命令，新建一个 Text，并执行 Create→UI→Image 命令新建一个 Image 放在相应的位置。Text 文本调至白色并将内容改为"游戏装备数据管理系统"作为系统名称，Image 调至浅灰色作为操作界面主背景图。调节主背景图颜色如图 6.18所示。

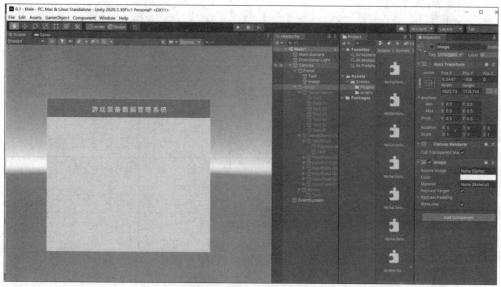

图 6.18　调节主背景图颜色

（4）打开 MySQL 数据库，单击 MySQL Connections 右方的＋按钮，新建一个名称为 MyGameDB 的数据库。新建数据库 MyGameDB 如图 6.19 所示。

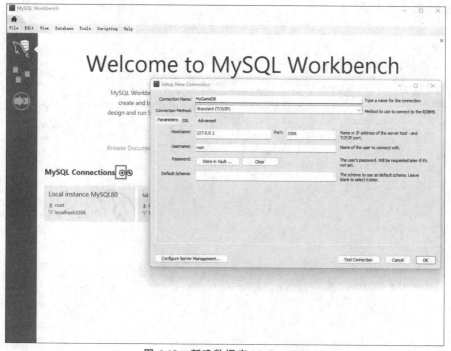

图 6.19　新建数据库 MyGameDB

（5）输入密码后单击 OK 按钮即可打开创建完成的 MyGameDB 数据库。打开数据库如图 6.20 所示。

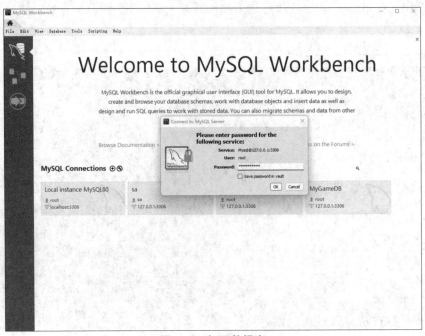

图 6.20　打开数据库

（6）在 SCHEMAS 界面空白处右击，在弹出的快捷菜单中选择 Create Schema 选项，命名为 MyGameDB，单击 Apply 按钮创建新库。右击，在弹出的快捷菜单中选择 Create Schema，如图 6.21 所示。

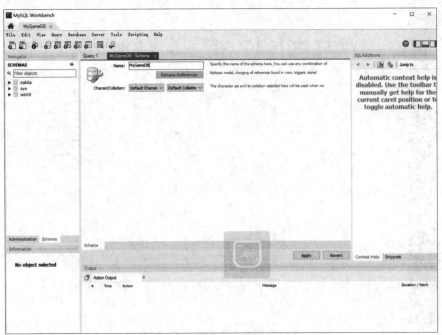

图 6.21　右击选择 Create Schema

（7）在 SCHEMAS 面板上单击 mygamedb 选项前"三角形"按钮，展开新建的 mygamedb，选择 Tables 选项，选中 Tables 选项后右击，在弹出的快捷菜单中选择 Create Table 选项，写入表名"装备信息管理表"，双击 Column Name 面板下空白处添加以下 id："装备名称""使用等级""装备部位""攻防属性""攻防数值""装备介绍"。单击 Apply 按钮创建完成。创建 Table 并添加表头如图 6.22 所示，单击 Apply 应用如图 6.23 所示。

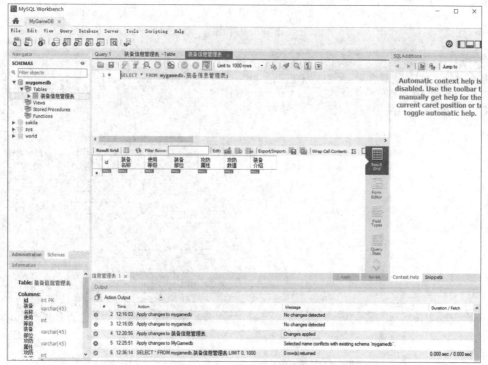

图 6.22　创建 Table 并添加表头

图 6.23　单击 Apply 应用

（8）回到 Unity 3D，根据刚刚创建的"装备信息管理表"制作装备的添加界面。执行 Create→UI→Image 命令新建一个 Image 作为添加新装备信息界面的背景，在此背景上使用 Text 文本、InputField 输入框及一个 Button 按钮搭建出整个输入界面，并将所有 Text 文本和 InputField 输入框分别放入两个空物体内统一管理。创建装备界面如图 6.24 所示。

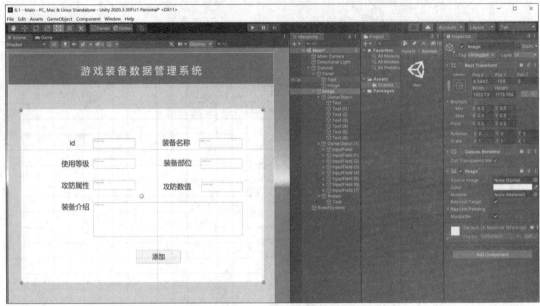

图 6.24　创建装备界面

（9）执行 Create→Folder 命令，新建一个文件夹并命名为 Plugins，然后拖动 MySQL. Data 和 System.Data 插件导入该文件夹。新建文件夹 Plugins 导入插件如图 6.25 所示。

图 6.25　导入插件

（10）新建一个 C♯文件，命名为 DataManager，打开文件，添加库类并声明变量 constr。

```
using MySQL.Data.MySQLClient;
public static string constr = "server=localhost ; port=3306; database=MyGameDB;
user = root; password =******";
public Transform InsHeader;
public Transform InsData;
```

（11）新建一个 InsertData()函数插入数据库信息的语句，并按下 Ctrl＋S 组合键，保存代码内容。

```
public void InsertData(){
    try
    {
        MySQLConnection conn = new MySQLConnection(constr);
        conn.Open();
        string sql = "INSERT INTO `mygamedb`.`装备信息管理表` (`" + InsHeader.
GetChild(0).GetComponent<Text>().text;
        for (int i = 1; i < InsHeader.childCount; i++)
        {
            sql += "`,`" + InsHeader.GetChild(i).GetComponent<Text>().text;
        }
        sql += "`) VALUES ('" + InsData.GetChild(0).GetComponent<InputField>().
text;
        for (int i = 1; i < InsData.childCount; i++)
        {
            sql += "', '" + InsData.GetChild(i).GetComponent<InputField>().
text;
        }
        sql += "');";
        MySQLCommand cmd = new MySQLCommand(sql, conn);
        int result = cmd.ExecuteNonQuery();
        conn.Close();
        for (int i = 0; i < InsData.childCount; i++)
        {
            InsData.GetChild(i).GetComponent<InputField>().text = "";
        }
    }
    catch
    {
        print("添加失败");
    }
}
```

（12）回到 Unity 3D 界面，将空物体 Header 和 Data 拖动到 DataManager 代码相应的卡槽位置上。设置 DataManager 如图 6.26 所示。

（13）单击 Button 组件内 On Click()面板下＋按钮添加 InsertData()函数的 On Click()事件。添加 On Click()事件如图 6.27 所示。

图 6.26　设置 DataManager

图 6.27　添加 On Click()事件

（14）运行文件，填写相应信息，单击“添加”按钮后，便会保存信息到数据库中，操作同上，添加多条信息。

运行文件，填写信息。运行效果测试如图 6.28 所示。

打开数据库，检查信息。检查数据库信息如图 6.29 所示。

（15）执行 Create→UI→InputField 命令，再添加一个 InputField 输入框，执行 Create→UI→Button 命令添加一个 Button 按钮，作为搜索数据的搜索框。添加搜索框如图 6.30 所示。

（16）回到 SceneManager 代码中，声明新的对象。新建一个函数 SelectData()写入以下检索数据库信息的语句，按 Ctrl+S 组合键保存。

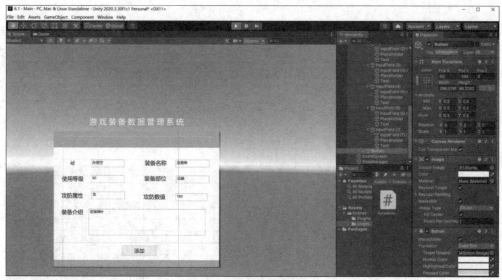

图 6.28 运行效果测试

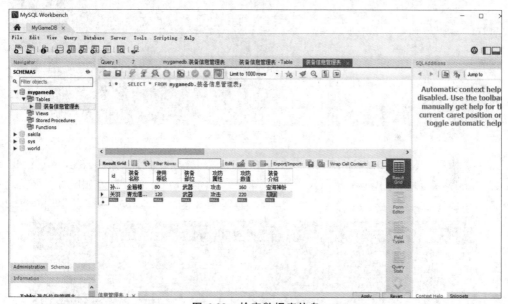

图 6.29 检查数据库信息

```
public InputField SearchInput;
{
    using (MySQLConnection conn = new MySQLConnection(constr))
    {
        conn.Open();
        string sql = "select * from `mygamedb`.`装备信息管理表` where 装备名称 =
'" + SearchInput.text+ "'";
        MySQLCommand cmd = new MySQLCommand(sql, conn);
        MySQLDataReader reader = cmd.ExecuteReader();
        reader.Read();
```

```
        for(int i = 0; i < InsData.childCount; i++)
        {
            InsData.GetChild(i).GetComponent<InputField>().text = reader[i].
ToString();
        }
    conn.Close();
    }
}
```

图 6.30　添加搜索框

（17）回到 Unity 3D 界面将搜索选项拖动至 DataManager 代码的 SearchInput 上，并将 SelectData 挂载为搜索 Button 的 On Click()事件。添加 On Click()事件如图 6.31 所示。

图 6.31　添加 OnClick()事件

（18）运行文件，在搜索框输入装备名称后单击"放大镜"按钮，即可搜索出相应的装备信息。运行测试搜索框如图 6.32 所示。

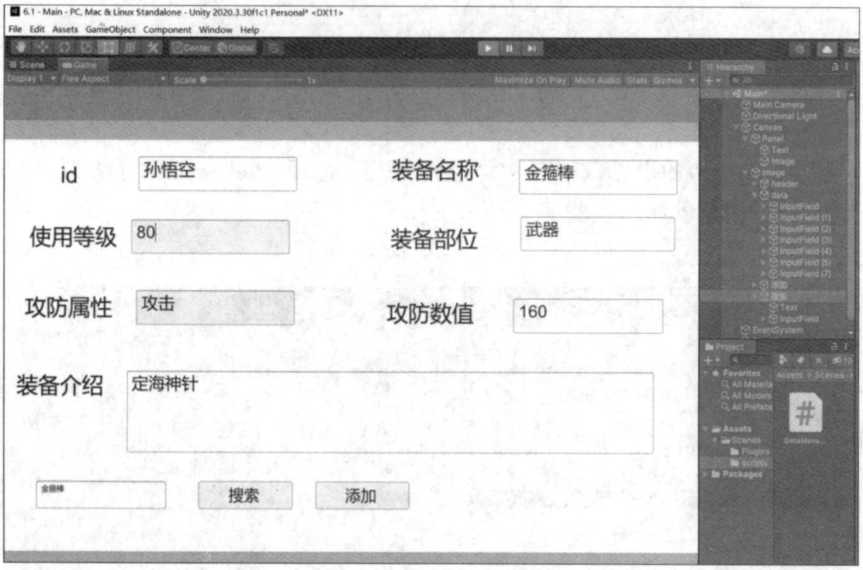

图 6.32 运行测试搜索框

（19）在 DataManager 代码中新建一个 UpdateData() 函数，在里面添加修改数据的功能。

```
public void UpdateData()
{
    MySQLConnection conn = new MySQLConnection(constr);
    conn.Open();
    string sql = "UPDATE `mygamedb`.`装备信息管理表` SET "+ InsHeader.GetChild
(1).GetComponent<Text>().text + " = '" + InsData.GetChild(1).GetComponent<
InputField>().text;
    for (int i = 2; i < InsData.childCount; i++)
    {
        int value = -1;
        //int.TryParse(InsData.GetChild(i).GetComponent<InputField>().text,
out value);
        sql += "'," + InsHeader.GetChild(i).GetComponent<Text>().text + "='" +
InsData.GetChild(i).GetComponent<InputField>().text;
    }
     sql += "' WHERE id= '" + int.Parse(InsData.GetChild(0).GetComponent<
InputField>().text) + "';";
    print(sql);
    MySQLCommand cmd = new MySQLCommand(sql, conn);
    int result = cmd.ExecuteNonQuery();
    conn.Close();
    foreach (Transform child in InsData)
    {
        try
        {
        child.GetComponent<InputField>().text = "";
        }
```

```
catch
{
}
}
}
```

（20）重复步骤(19)的操作，新建一个"修改"按钮，挂载 UpdateDate 方法为其 On Click()
事件。设置修改按钮事件如图 6.33 所示。

图 6.33 设置修改按钮事件

（21）运行文件，搜索装备信息后，修改其使用等级、攻防数值等信息后单击"修改"按
钮，装备信息会自动清空，在此搜索可见，装备信息已经被修改完成。运行文件测试修改功
能如图 6.34 所示。

图 6.34 运行文件测试修改功能

（22）在 DataManager 代码中新建一个 DeleteData（）函数，在里面添加删除数据的功能。

```
public void DeleteData()
{
    MySQLConnection conn = new MySQLConnection(constr);
    conn.Open();
    string sql = " Delete From `mygamedb`.`装备信息管理表` Where id = " + InsData.
GetChild(0).GetComponent<InputField>().text + ";";
    MySQLCommand cmd = new MySQLCommand(sql, conn);
    int result = cmd.ExecuteNonQuery();
    conn.Close();
    foreach (Transform child in InsData)
    {
        try
        {
            child.GetComponent<InputField>().text = "";
        }
        catch
        {

        }
    }
}
```

（23）再次新建一个删除按钮，挂载 DeleteData 方法为其 On Click（）事件，并将按钮颜色改为红色。设置删除按钮如图 6.35 所示。

图 6.35 设置删除按钮

（24）运行文件，搜索装备信息后单击"删除"按钮，装备信息会自动清空，在此搜索可见，装备信息已经被删除，搜索信息为空。运行测试删除功能如图 6.36 所示，查看数据库信息如图 6.37 所示。

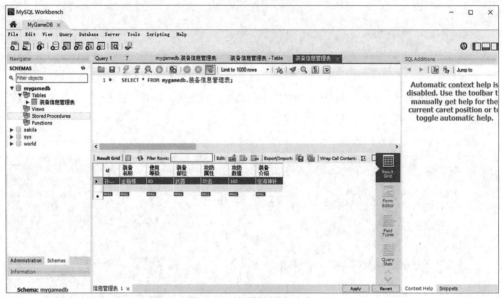

图 6.36　运行测试删除功能

图 6.37　查看数据库信息

　　注意,这是一个简单的游戏装备管理系统,具体应用时要注意逻辑的严谨以及用户体验的完善,数据库添加表头时的属性勾选也要进行深入了解,才能准确地使用 MySQL 数据库。

视频讲解

6.3　《示波器使用》虚拟仿真系统设计开发

　　《示波器使用》虚拟仿真系统将虚拟仿真技术应用到高等教育实验课中,主要模拟测量某种波形信号实验的具体流程与步骤。使用本系统,用户可以在脱离实验室现实场景下,清晰了解实验室的设施配备,明确实验需要的器材,学会基础实验的步骤与过程,弄懂示波器部件的作用与功能。用户可以在实验课前使用本系统来预习,或者在课堂上自主练习,以及在课后分析电路问题时将本系统作为学习辅助工具,大大地提高了学习效率。

本系统主要分为六大功能模块,分别是实验台、工作原理、单通道模拟实验、双通道模拟实验、模拟习题测试、查看成绩。以较高程度还原实物的 3D 模型展示了示波器和信号发生器的构造布局和按键的名称,并介绍了工作原理。在模拟实验模块中,用户通过习题测试成绩合格才可以进行模拟实验,在实验之前可以观看操作展示。开始模拟实验时,系统会提示实验步骤,并且用户的每一步实验操作,都会有正或误的反馈。每次模拟习题测试结束后,通过查看成绩功能可以浏览每个用户账号的实时更新成绩。

本系统基于 Unity 3D 开发,虚拟实验室使用了全景图的拍摄与制作技术,使用 3ds Max 对实验器材进行建模,通过数据库技术实现用户注册登录和测试成绩实时更新功能,用户界面则是使用 AI、PS 工具设计,主题风格与电路实验内容相符,最终通过代码的编译将素材和功能合理、美观地融合在一起,完成了《示波器使用》虚拟仿真系统的制作与开发工作。

(1) 如之前案例所讲方式在 Scene 文件夹中创建名称为 Land 的场景找到 Scene 文件夹后,在 Scene 文件夹面板空白处右击,在弹出的快捷菜单中执行 Create→Scene 命令,单击 ⬡ 按钮后,按 F2 键,对其重命名为 Land,双击 ⬡ 按钮进入场景,将光标移动至 Hierarchy 面板上,右击,在弹出菜单中执行 Create→UI→Image 命令,单击选中 Image 按钮,在 Inspector 面板中选择 Rect Transform 下的 Anchor Presets 锚点设置,按 Alt 键选择右下角选项将 Image 铺满画布。设置 Image 背景如图 6.38 所示。

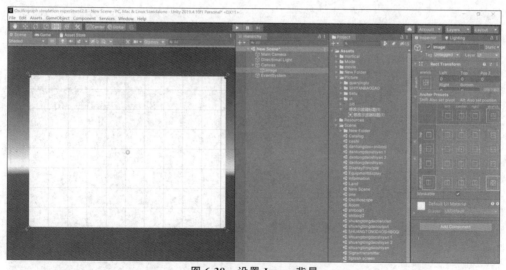

图 6.38 设置 Image 背景

(2) 在资源文件中执行 Assets→Picture→UI→New Folder 命令,进行登录注册,在 Inspector 面板中将其 Sprite Mode 属性改为 Sprite(2D and UI),单击 Apply 按钮应用设置,选中刚创建的 Image,将刚设置好的图片登录注册拖动到 Inspector 面板中 Image 下的 Source Image 框内。设置按钮如图 6.39 所示。

(3) 在 Hierarchy 面板上右击,在弹出的快捷菜单中执行 Create→UI→Input Field 命

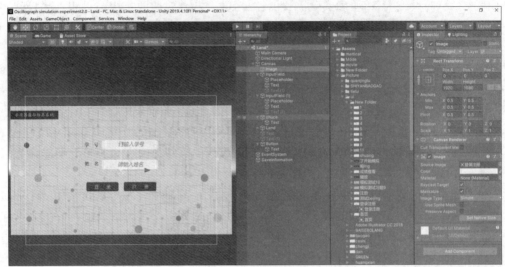

图 6.39　设置按钮

令，创建两个输入框，分别命名为 ID 和 Name，并调整大小分别覆盖"学号"和"姓名"后的两个白色框，在创建的 Input Field 的子物体中选择第一个 Placeholder 选项，并分别修改文字为"请输入学号"和"请输入姓名"，选择上下及左右至中，创建三个 Button 分别命名为 Login、Registered、Admin，并调整它们颜色的 A 值为 0，删除其中两个按钮 Text 子物体，并将它们分别覆盖在"登录"和"注册"按钮位置，将第三个按钮 Text 子物体文字改为"管理员"放置于场景右上角。创建一个新 Text 命名为 Wrong，输入"没有此人信息请进行注册"，调整合适大小放置于"登录""注册"按钮下方并将其设置为"不显示"。添加并调节 InputField 如图 6.40 所示。

图 6.40　添加并调节 InputField

（4）在资源文件中执行 Create→Folder 命令创建 Scripts 文件夹，并在文件夹内执行 Create→C♯ Script 命令新建 C♯ 文件 LocalHost 用于读取本机 IP 地址，添加以下代码：

```csharp
using System.Net;
using System.Net.NetworkInformation;
using System.Net.Sockets;
using unityEngine;

public class IPManager
{
    public static string GetIP(ADDRESSFAM Addfam)
    {
        //Return null if ADDRESSFAM is Ipv6 but Os does not support it
        if (Addfam == ADDRESSFAM.IPv6 && !Socket.OSSupportsIPv6)
        {
            return null;
        }

        string output = "";
        foreach (NetworkInterface item in NetworkInterface.GetAllNetworkInterfaces())
        {
            #if UNITY_EDITOR_WIN || UNITY_STANDALONE_WIN
            NetworkInterfaceType _type1 = NetworkInterfaceType.Wireless80211;
            NetworkInterfaceType _type2 = NetworkInterfaceType.Ethernet;
            if ((item.NetworkInterfaceType == _type1 || item.
NetworkInterfaceType == _type2) && item.OperationalStatus == OperationalStatus.Up)
            #endif
            {
                foreach (UnicastIPAddressInformation ip in item.GetIPProperties
().UnicastAddresses)
                {//IPv4
                if (Addfam == ADDRESSFAM.IPv4)
                {
                    if (ip.Address.AddressFamily == AddressFamily.InterNetwork)
                {
                    output = ip.Address.ToString();
                    Debug.Log("啊" + output);
                }
                }
                    //IPv6
                else if (Addfam == ADDRESSFAM.IPv6)
                {
                    if (ip.Address.AddressFamily == AddressFamily.InterNetworkV6)
                {
                    output = ip.Address.ToString();
                }
                }
            }
            }
        }

        return output;
    }
}
```

```
public enum ADDRESSFAM
{
    IPv4, IPv6
}
```

（5）在 SQL2017 中创建数据库并创建表格，内容如下。

编号 int PRIMARY KEY

姓名 char(10) not null

性别 char(5)

年龄 int

资产 char(10)

在 Unity 3D 中导入 I18N、I18N.CJK、I18N.West、System.Data 文件，在资源文件 Assets 中的 Scripts 文件夹下创建 C♯文件 SQLConnection 用于管理数据库与 Unity 3D 的连接，双击打开 SQLConnection 并将以下代码写入脚本。

```
using unityEngine;
using System.Collections;
using System;
using System.Data;
using System.Data.SqlClient;
using System.Data.Common;
using unityEngine.UI;
public class SQLConnection : MonoBehaviour {
    private String dd;
    SqlConnection con=null;
    SqlDataAdapter sda=null;
    public Text[] wq;
    private string str;
    public InputField qq;
    public InputField ww;
    private int a=0;
    public GameObject cuowude;
    void Start()
    {
        dd = IPManager.GetIP(ADDRESSFAM.IPv4);
        print(dd);
        con = new SqlConnection ("server= '"+dd+"';database=zaq;uid=sa;pwd=123");
        sda=new SqlDataAdapter ("select * from we", con);
        System.Data.DataSet ds = new System.Data.DataSet ();
        sda.Fill (ds, "table");
        for (int i=0; i<ds.Tables[0].Rows.Count; i++) {
        or(int j=0;j<ds.Tables[0].Columns.Count;j++)
        {
            str+=ds.Tables[0].Rows[i][j].ToString().Trim()+"            ";
            if(j==ds.Tables[0].Columns.Count-1)
            {
                print(str);
```

```
                wq[0].text=str.ToString();
            }
        }
    }
}
```

（6）在 SQLConnection 脚本中声明一个 chaxun()函数，用于检测登录用户名是否正确以及是否存在。

```
public void chaxun(){
    SqlConnection conn = new SqlConnection ("server='"+dd+"';database=zaq;uid
=sa;pwd=123");
    conn.Open();
    string sql = "select qq,ww from we where qq='" + qq.text + "' and ww='"+ww.
text+"'";
    SqlCommand cmd = new SqlCommand(sql, conn);
    if (cmd.ExecuteScalar() != null){
    Application.LoadLevel("Information");
    }else{
        cuowude.SetActive(true);
    }
}
```

（7）在 SQLConnection 脚本中声明一个 charu()函数，用于注册新用户。

```
public void charu(){
    string s = "server='"+dd+"';database=zaq;uid=sa;pwd=123";
    SqlConnection con = new SqlConnection(s);
    con.Open();
    SqlCommand cmd = new SqlCommand();
    cmd.Connection = con;
    cmd.CommandText="insert into we(qq, ww) values ('"+Convert.ToString(qq.
text)+"','"+Convert.ToString(ww.text)+"')";
    Application.LoadLevel("Land");
    nt i = Convert.ToInt32 (cmd.ExecuteNonQuery ());
}
```

（8）将 SQLConnection 脚本挂载在摄像机上，并将对象 ID、Name 分别赋值给 qq 和 ww 两个变量，将物体 Wrong 赋值给 cuowude 变量。设置 SQLConnection 脚本如图 6.41 所示。

（9）创建名称为 PersonalInformation 的 C♯文件用于读取登录信息。

```
using System.Collections;
using System.Collections.Generic;
using unityEngine;
using unityEngine.UI;
using System.Text.RegularExpressions;
public class PersonalInformation : MonoBehaviour {
    public InputField Number;
```

```
    public InputField name;
    public string nameC="";
    public string numberC="";
    void Start () {
}
public void GetTheCharacter() {
    nameC = name.text;
        numberC = Number.text;
GameObject.Find("SaveInformation").GetComponent<SaveInformation>().Save(); }
    }
```

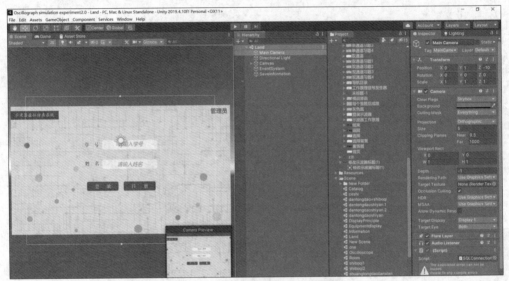

图 6.41 设置 SQLConnection 脚本

（10）创建名称为 SaveInformation 的 C♯ 文件用于存储登录信息。

```
using System.Collections;
using System.Collections.Generic;
using unityEngine;

public class SaveInformation : MonoBehaviour {
public string nameC = "";
public string numberC = "";
//Use this for initialization
void Start () {
}
//Update is called once per frame
public  void Save () {
nameC = GameObject.Find("EventSystem").GetComponent<PersonalInformation>().
nameC;
numberC = GameObject.Find("EventSystem").GetComponent<PersonalInformation>
().numberC;
    }
```

```
public void Ssave()
{
nameC = "管理员";
numberC = "14150400300";
}
}
```

(11) 将 PersonalInformation 脚本挂载在 EventSystem 物体上，并将 ID 和 Name 两个物体赋值给 Number 和 Name 两个变量。执行 Create→Create Empty 命令创建空物体，命名为 SaveInformation，并将 SaveInformation 脚本挂载在其上。新建名称为 SaveScene 的 C♯文件挂载在 SaveInformation 上用于在本次登录中长期存储登录信息。长期存储登录信息设置如图 6.42 所示。

```
using System.Collections;
using System.Collections.Generic;
using unityEngine;

public class SaveScene : MonoBehaviour {

void Start() {
DontDestroyOnLoad(transform.gameObject);
}
}
```

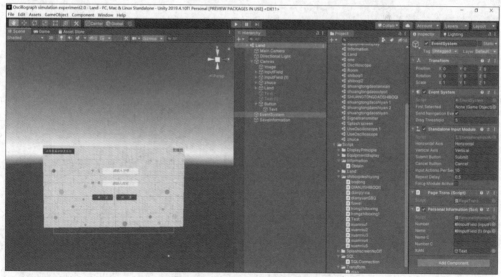

图 6.42　长期存储登录信息设置

(12) 执行 Create→Scene 命令创建三个新的场景，分别命名为 Information、zhuce 和 Catalog，创建名称为 PageTrans 的 C♯文件用于场景跳转，写入 Land()、Information()和 zhuce() 三个函数用于跳转场景，给登录按钮添加单击事件 Main Camera 对象上的 SQLConnection.chaxun()事件和 EventSystem 对象上的 PersonalInformation.GetTheCharacter()事件。注册按钮

添加 EventSystem 对象上的 PageTrans.zhuce() 事件。管理员按钮添加 PageTrans.Information()
和 SaveInformation 对象上的 SaveInformation.Ssave() 事件。

```
using System.Collections;
using System.Collections.Generic;
using unityEngine;
using unityEngine.SceneManagement;
public class PageTrans : MonoBehaviour {
public void Catalog() {
SceneManager.LoadScene("Catalog");
}
public void Land()
{
SceneManager.LoadScene("Land");
}
public void Information()
    {
        SceneManager.LoadScene("Information");
    }
public void zhuce() {
    SceneManager.LoadScene("zhuce");
    }
```

(13) 创建名称为 errorX 的 C♯ 文件并挂载在 Wrong 对象上,让错误提示信息定时消失。

```
using System.Collections;
using System.Collections.Generic;
using unityEngine;

public class errorX : MonoBehaviour {
//Use this for initialization
void Start () {
    Invoke("errorXian", 1.5f);
}
//Update is called once per frame
void errorXian()
    {
this.gameObject.SetActive(false);
    }
}
```

(14) 打开场景 zhuce,按照第一个场景的方式创建如图场景(背景图名为"注册"),并给
"注册"按钮添加 PageTrans.Land() 和 SQLConnection.charu() 两个事件。为"注册"按钮添
加事件如图 6.43 所示。

(15) 打开场景 Information,创建如图场景,其中背景图名称为"个人信息",并给"进入
系统"按钮添加 PageTrans.Catalog() 事件。打开场景 Information,创建 UI 界面如图 6.44
所示。

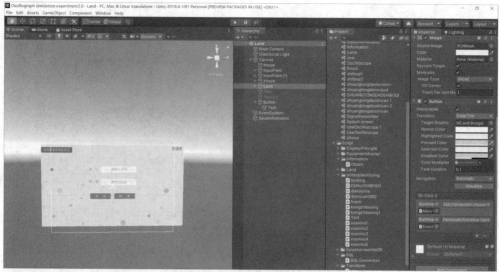

图 6.43 为"注册"按钮添加事件

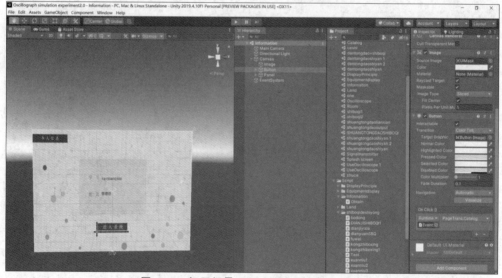

图 6.44 打开场景 Information,创建 UI 界面

(16) 打开 Catalog 场景,将背景图设置为导航目录,并在对应位置上放置按钮,在 PageTrans 脚本中添加跳转函数并创建对应场景。

```
public void Room()
{
    SceneManager.LoadScene("Room");
}
public void DisplayPrinciple()
{
    SceneManager.LoadScene("DisplayPrinciple");
}
public void UseOscilloscope()
```

```
{
    SceneManager.LoadScene("UseOscilloscope");
}
SceneManager.LoadScene("UseOscilloscope 1");
}
public void ceshi(){
    SceneManager.LoadScene("ceshi");
}
public void onr(){
    SceneManager.LoadScene("one");
}
```

（17）打开 Room 场景，创建按钮和提示窗，并在 On click（）面板内给按钮设置 PageTrans. Catalog()事件。创建按钮和提示窗如图 6.45 所示。

图 6.45　创建按钮和提示窗

（18）在上方菜单栏中执行 Window→Rendering→Lighting Settings 命令，在资源文件中执行 Assets→Picture→quanjingtu→Materials 命令，将文件夹中的天空盒材质球拖放到弹出窗口的 Environment 下的 Skybox Material 栏中。添加天空盒如图 6.46 所示。

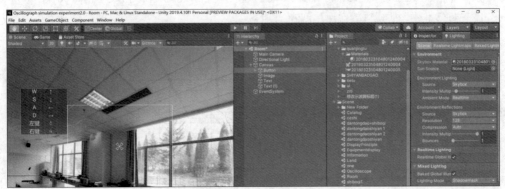

图 6.46　添加天空盒

（19）创建名称为 maintrans 的 C♯文件，并挂载在 Main Camera 对象上，用于控制视角旋转和镜头推进拉远。

```
using System.Collections;
using System.Collections.Generic;
using unityEngine;

public class maintrans : MonoBehaviour {
    private Camera l;
    private float a=60;
    //Use this for initialization
    void Start () {
    }
    //Update is called once per frame
    void Update () {
        if (Input.GetMouseButton(0)) {
            transform.Rotate(Vector3.up, Input.GetAxis("Mouse X"));
        }
        if (Input.GetMouseButton(1))
        {
            transform.Rotate(Vector3.left, Input.GetAxis("Mouse Y"));
        }
        if (Input.GetKey(KeyCode.W))
        {
            a -= 0.1f;
            Camera.main.fieldOfView = a;
        }
        if (Input.GetKey(KeyCode.S))
        {
            a += 0.1f;
            Camera.main.fieldOfView = a;
        }
    }
}
```

（20）打开 DisplayPrinciple 场景，创建 Image 载入选择图片为背景，创建三个透明 Button 放置在示波器等按钮所在位置，并在 PageTrans 脚本中写出相应场景跳转函数并绑定单击事件。创建界面并添加界面跳转事件如图 6.47 所示。

（21）进入示波器对应场景，创建 Button，命名为 jieshao，并将其选中，在 Inspector 面板中 Image 下 Source Image 一栏中载入示波器工作原理（信号发生器为工作原理信号发生器），另外创建一个 Canvas 并创建一个 Button 载入名称为"返回"的图片，绑定相应的单击事件，并创建 Image 载入图片选择背景。创建"简介"和"返回"Button 如图 6.48 所示。

（22）选中 Main Camera，在 Inspector 面板中将 Camera 下的 Projection 改为 Orthographic 正交视图，调整大小，在摄像机前方中心合适位置放置示波器模型，资源文件中 Assets→Mode 中的示波器合体，将不属于当前需要的模型部分删除，给需要介绍的零件添加 Box Collider 组件，调整至合适大小。在第二个 Canvas 中创建 Text，写入各个组件的名称，放置在合适的位置，并取消显示，给各个零件添加脚本，使用 OnMouseEnter()函数和

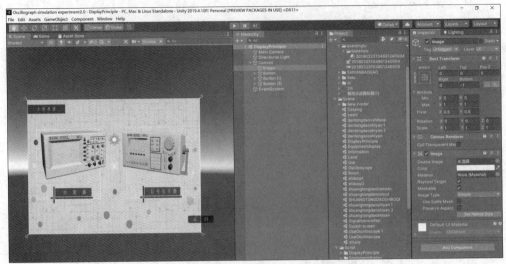

图 6.47　创建界面并添加界面跳转事件

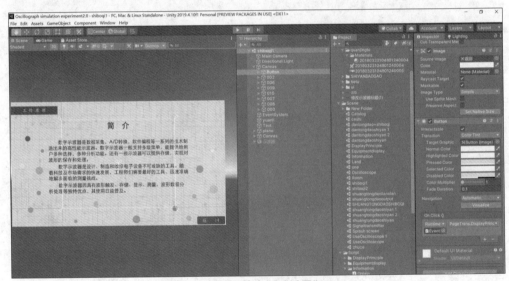

图 6.48　创建"简介"和"返回"Button

OnMouseExit()函数控制当鼠标指向与移开该零件时名称的显示与隐藏,使用 SetActive()
方法控制零件显示与隐藏。完成后将示波器对象隐藏,新建脚本实现当单击名称为 jieshao
的 Button 按钮时,隐藏第一个 Canvas 并显示示波器对象。运行界面测试如图 6.49 所示,
运行测试如图 6.50 所示。

(23) 使用同样的方法制作信号发生器场景。

(24) 打开 UseOscilloscope 场景,执行 Create→UI→Image 命令,创建 Image 载入图片
单通道,执行 Create→UI→Button 命令,在对应按钮处创建透明 Button,并将返回按钮绑定
对应单击事件,创建一个名称为 chongda 的 Button,载入"答题"图片,绑定单击事件
PageTrans.UseOscilloscope(),放置在屏幕下方中间,并取消显示。创建"答题"按钮并添加
事件如图 6.51 所示。

图 6.49　运行界面测试

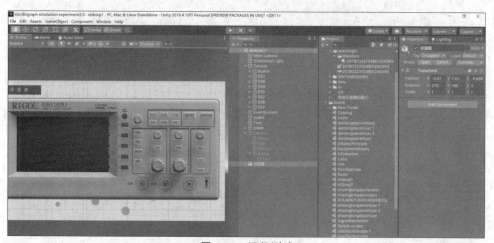

图 6.50　运行测试

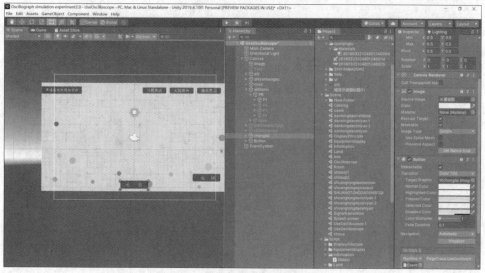

图 6.51　创建答题按钮并添加事件

（25）执行 Create→UI→Panel 命令，创建 Panel，调整颜色和透明度，并使用 Text 制作题目，Button 制作选项，做出答题框。制作题目界面如图 6.52 所示。

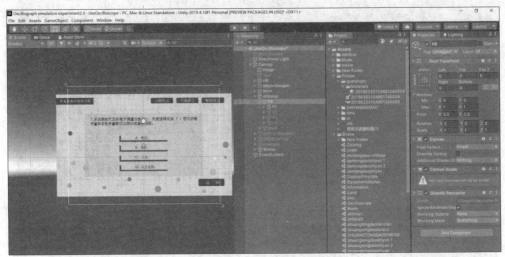

图 6.52　制作题目界面

（26）执行 Create→C♯ Script 命令创建名称为 Problem 的 C♯ 文件，使用 GameObject[]存储多个题目，每个答案绑定对应的单击事件，最后一题答案额外绑定单击事件 SQLConnection.one()，当答案正确时 score 加 1，不正确时减 1，制作答题系统。

```
using System.Collections;
using System.Collections.Generic;
using unityEngine;
using unityEngine.UI;
public class Problem : MonoBehaviour {
    public int score=0;
    public GameObject[] Prob;
    private int a=0;
    public Text scr;
    public Text id;
    public Text name;
    //Use this for initialization
    void Start() {
        a = 0;
    }
    public void p11() {
        scorce += 1;
            Prob[0].SetActive(false);
            Prob[1].SetActive(true);
    }
    public void p12()
    {
        score -= 1;
        Prob[0].SetActive(false);
        Prob[1].SetActive(true);
    }
```

```
public void p13()
{
    score -= 1;
    Prob[0].SetActive(false);
    Prob[1].SetActive(true);
}
public void p14()
{
    score -= 1;
    Prob[0].SetActive(false);
    Prob[1].SetActive(true);
}
public void p101()
{
    score -= 1;
    Prob[10].SetActive(false);
    Prob[11].SetActive(true);

    scr.text=score.ToString();
}
public void p102()
{
    score += 1;
    Prob[10].SetActive(false);
    Prob[11].SetActive(true);
    scr.text=score.ToString();
    id.text=GameObject.Find("SaveInformation").GetComponent<
SaveInformation>().numberC;
    name.text=GameObject.Find("SaveInformation").GetComponent<
SaveInformation>().nameC;
    }
}
```

（27）创建实验报告和模拟展示画面。创建实验报告界面如图 6.53 所示，创建模拟展示界面如图 6.54 所示。

图 6.53 创建实验报告界面

图 6.54 创建模拟展示界面

（28）创建 C♯ 文件 XandSandM 用于控制答题、实验报告、模拟展示画面跳转。

```csharp
using System.Collections;
using System.Collections.Generic;
using unityEngine;

public class XandSandM : MonoBehaviour {
    public GameObject[] MOKUAI;
    public void XI()
    {
        MOKUAI[0].SetActive(true);
        MOKUAI[1].SetActive(false);
        MOKUAI[2].SetActive(false);
    }
    public void SHI()
    {
        MOKUAI[0].SetActive(false);
        MOKUAI[1].SetActive(true);
        MOKUAI[2].SetActive(false);
    }
    public void MO()
    {
        MOKUAI[0].SetActive(false);
        MOKUAI[1].SetActive(false);
        MOKUAI[2].SetActive(true);
    }
}
```

（29）创建 C♯ 文件 MarkXIn，用于答题结束后显示成绩。运行测试如图 6.55 所示。

```csharp
using System.Collections;
using System.Collections.Generic;
using unityEngine;
```

```
using unityEngine.UI;

public class MarkXIn : MonoBehaviour {
    public Text name;
    public Text number;
    public Text Mark;
    //Use this for initialization
    void Start()
    {
        name.text = GameObject.Find("SaveInformation").GetComponent<
SaveInformation>().nameC;
        number.text = GameObject.Find("SaveInformation").GetComponent<
SaveInformation>().numberC;
        GameObject.Find("shiyanbaogao").GetComponent<Button>().enabled =
false;
        GameObject.Find("moni").GetComponent<Button>().enabled = false;
    }
    void Update() {
        Mark.text = GameObject.Find("EventSystem").GetComponent< Problem>().
scorce.ToString();
    }
}
```

图 6.55　运行测试

（30）创建 C♯ 文件并命名为 Play，用于控制模拟视频播放，在资源文件 Assets→movie 中将对应视频绑定在 movTexture 变量上，执行 Create→UI→Button 命令创建两个透明 Button，覆盖在视频上，隐藏其中一个，分别绑定在 bofang 和 zanting 变量上。

```
using unityEngine;
using System.Collections;

public class play : MonoBehaviour
```

```
{
    public GameObject bofang;
    public GameObject zanting;
    //电影纹理
    public MovieTexture movTexture;

    void Start()
    {
        //设置电影纹理播放模式为循环
        movTexture.loop = true;
    }

    void OnGUI()
    {
        //绘制电影纹理
        GUI.DrawTexture(new Rect(340, 190, 1250, 680), movTexture, ScaleMode.
StretchToFill);
    }
    public void bofang()
    {   //设置电影纹理播放模式为循环
        movTexture.Play();
        bofangg.SetActive(false);
        zanting.SetActive(true);
    }
    public void zaning()
    {
        //设置电影纹理播放模式为循环
        movTexture.Pause();
        bofangg.SetActive(true);
        zanting.SetActive(false);
    }
}
```

（31）创建新场景，将摄像机改为正交视图，将示波器放入场景，并设定好背景图，在合适位置放入屏幕图片，执行 Create→C♯ Scripts 命令新建 C♯ 文件 Dianji，并挂载在电源开关上。将进入下一关的按钮绑定在 but 变量上，屏幕图片绑定在 kai 变量上。运行测试如图 6.56 所示。

```
using System.Collections;
using System.Collections.Generic;
using unityEngine;
public class dianji : MonoBehaviour {
    public GameObject but, kai;
    //Use this for initialization
    void OnMouseDown() {
        this.GetComponent<Renderer>().material.color = new Color(0.0f, 1.0f, 0.0f);
        kai.SetActive(true);
        Invoke("a", 1);
        but.SetActive(true);
    }
}
```

图 6.56 运行测试

（32）执行 Create→C♯ Scripts 命令创建 C♯ 文件并命名为 cuowudeng，用于控制点错时的反馈，执行 Create→UI→Text 命令创建 Text，写入文字"选择错误，重新选择"，并将颜色改为红色，放置在合适位置上，赋值给 cuo 变量，将 cuowudeng 脚本挂载在其他按钮上。运行测试如图 6.57 所示。

```
using System.Collections;
using System.Collections.Generic;
using unityEngine;

public class cuowudeng : MonoBehaviour {
    public GameObject cuo;
    private float r, g, b;
    //Use this for initialization
    void Start()
    {
        r = this.GetComponent<Renderer>().material.color.r;
        g = this.GetComponent<Renderer>().material.color.g;
        b = this.GetComponent<Renderer>().material.color.b;
    }


    //Update is called once per frame
    void OnMouseDown()
    {
        his.GetComponent<Renderer>().material.color = new Color(1.0f, 0.0f, 0.0f);
        Invoke("a", 0.5f);
        cuo.SetActive(true);
    }
    void a()
    {
        this.GetComponent<Renderer>().material.color = new Color(r, g, b);
```

```
        cuo.SetActive(false);
    }
}
```

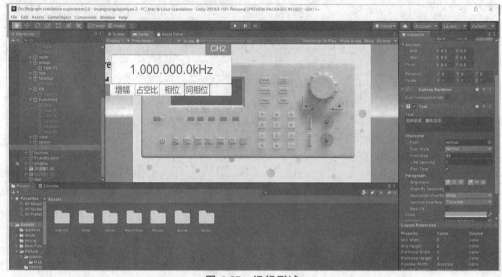

图 6.57　运行测试

（33）同上方法创建新场景完成其余几步操作，并通过操作正确出现的下一步按钮进行跳转。场景 UseOscilloscope 1 场景、双通道波形模拟实验制作方法同上。

（34）测试场景，模拟习题测试同上测试题制作方法。

以上即为《示波器使用》虚拟仿真系统设计制作全过程，在项目制作过程中根据书中步骤即可完成完整项目制作，熟练后可尝试将本案例中相关代码应用到个人原创项目中。

6.4　本章小结

在开始着手设计《示波器使用》虚拟仿真系统之前，为了使开发过程条理清晰，成功实现理想中的作品，为系统制订了一个开发设计原则，具体如下。

- **系统的准确定位**

本系统针对的用户群体是《大学电路实验》的学生，为了其使用示波器进行数字电路实验的预习辅助系统，系统投放运行设备应该使用大学生们普遍拥有的设备，如 PC、Phone、iPad 等电子设施，选择一种进行开发，在设计过程中要考虑到用户群体对电子产品的使用习惯，以及设计内容不应该偏离大学与实验室的特定使用情景，要保持积极健康的氛围，符合当代大学生气质。由于本系统是辅助教学软件，在每个设计方面都应保持科学严谨的态度。

- **功能设计合理**

首先在事先亲自体验实验过程后，结合用户调查的结果，基本功能要能够解决本系统的用户需求，每个模块的设计都要有存在的合理性，与示波器模拟实验有关，并能帮助教师与学生在使用数字示波器进行实验时起到辅助教学作用。

应该对实验的完整性有交代,有基本用户信息功能,使得全班学生可以同时使用本系统,但信息又不会错乱。在实验前要掌握一些知识实验,为更好地实验打好基础,在实验过程中还原真实实验过程,在实验结束后对用户的操作有一个考核成绩的反馈,起到去实验室真实实验前的预习作用,同时在课下起到回顾巩固作用。

- **设计具有科学性**

因为本系统开发的定位就是辅助教学软件,因此包含的内容要始终贯彻科学性,在波形测量的实验中,要根据开发前期的用户在实验老师指导下亲自操作的真实实验反应来设计,追求物理上的实践性,做到每一个步骤的反馈符合真实场景下的情景,将整个实验的过程精准还原,并且要在会出错的细节上做好提示。

- **界面设计坚持一致性原则**

UI 即 User Interface 也就是用户界面,用户界面通俗来讲就是将人与机器的交流方式用界面的方式呈现出来,使用户与机器的交互清晰、明确。众多的设计准则在历史长河中一直存在,使用最多的就是一致性原则,也是设计师最爱的设计原则之一。在界面设计中要围绕着实验、物理、大学、科技几个词来展开设计,符合系统内容主题,不应偏离主题,使用户感到突兀,摸不到头脑。在确定了主题后,在色彩和风格上也要前后一致。界面精美简洁,交互合理。

- **建模真实性**

实验室虚拟仿真,要做到真正的仿真,需要仔细观摩真实的实验室构造摆设,多次观看实验器材的视频、照片资料,在构造数字示波器和信号发生器的时候,要保持每个按钮的位置、布局、颜色、名称和实物完全一致,让用户在使用中有强烈的沉浸感,使其在使用中感受到实验室的氛围。在比例上做到协调一致,不要大肆发挥想象,偏离实物本身。

- **操作便捷性**

在设计过程中要有良好的用户体验设计思维,每个交互方式都应使用大众普遍接受的方式,不要太烦琐,外接设备不应太多,要使用户都能接受,使软件易上手,能够受用户的欢迎。交互场景的转换要符合科学性,在每一步操作后都要给用户一个清晰的反馈,交互按钮大小要在整体页面布局中比例适当,让用户清楚地看到,并马上能知道如何操作。

6.5　课后作业

(1) 搭建数据库,进行装备库的设计制作。

(2) 掌握人机交互中多模态的人机交互项目的制作。

(3) 运用 Unity 3D 引擎,模仿《示波器使用》案例进行多模态的虚拟仿真实验项目的设计制作,学生自主设计具有实际应用价值的虚拟仿真项目,学生自主选择命题方向。

(4) 尝试连接 Hololens 和智能传感硬件等设备进行多模态的人机交互实验,结合慕课资源进行结合 Arduinio 进行超声波传感器、压力传感器等常见传感器与虚拟场景的交互。

第 7 章

Magic city三级项目指导

1. 项目概述

Magic city 项目为开放性选题,学生可以根据自主调研需求进行扩展训练。

2. 海洋乐园设计背景的由来

海洋是万物的起始点,是生命的摇篮,有万物百宝箱之称,同时为人们提供了大量丰富的资源。海水中的铀含量大约有四十五亿吨,是陆地中铀含量的几千倍。海洋深处还蕴藏着大量的石油资源,是陆地上石油含量的 1.5 倍甚至更高。这些都为人类社会的发展起到了重要的作用。然而随着全球人类数量短时间内迅速增长,活动范围不断扩大,海洋资源遭到了过度的开采,给海洋造成了严重的伤害。

我国海洋生物种类繁多、海洋资源丰富,各类可再生能源、海洋石油资源储量占据世界领先水平,但是随着我国经济科技水平不断发展,人口骤增,海洋污染情况严重,特别是在入海口流域,生活废水、工业废水未经处理直接排进海洋中;石油泄漏、白色垃圾威胁海洋生物生存环境;各类海水养殖的添加剂和海水富营养化等问题都对我国近陆海域造成了严重的污染。种种迹象表明,海洋污染治理刻不容缓。海洋污染不是一日造成,所以也不是一朝一夕可以解决的问题,这需要整个社会齐心协力,共同参与努力,才能有效治理污染,推进海洋的发展。

海洋乐园是人们非常喜欢的休闲娱乐场所,人们可以学习海洋知识,近距离观察海洋生物,使得神秘的海底世界与人类的距离不再遥远。大连是著名的滨海旅游城市,圣亚海洋世界、老虎滩海洋公园都是全国著名的海洋乐园,每年都有不计其数的游客来旅游参观。现代社会,人们生活节奏加快,工作紧张繁忙,没有大块的时间用来旅游出行,可能没有机会了解神秘的海底世界,对海洋的保护意识也不是很强。而《海洋乐园》虚拟展示系统,可以提供很好的平台,无须亲自到海洋公园,也能体验到海底世界的乐趣。

3. 虚拟展示系统的使用介绍

《海洋乐园》虚拟展示系统由一个主场馆和五个功能场馆组成。

主场馆是通往各个功能场馆的入口,同时能够通过单击 Pad 按钮、位移功能进行参观游览。手柄射线指向不同的场馆,能够进行场景跳转。

海底世界场馆是为用户建造了一个虚拟仿真的海底世界,运用听觉与视觉结合的方法,增强真实感。用户可以通过瞬移功能在海底漫步,同时单击不同的鱼类会出现该鱼类的文字介绍。

海洋介绍场馆的主要功能是播放影片,用户可以在该场馆中观看关于海洋的优秀纪录片,通过手柄可以控制影片的播放和暂停,通过优秀的纪录片作品,让用户能够通过视频的方式加深对海洋的了解,使用户更容易接受。

海洋保护教育场馆内布满了近年来海洋生态环境遭到破坏、海洋生物惨遭迫害、人类活动使得海滩凋敝等场景的摄影作品,以真实、直观的方式,让人们了解如今海洋生态环境保护迫在眉睫,敲醒警钟,加强海洋保护的决心。

海洋表演场馆中主要是用户与海豚的互动,用户通过手柄,拿起球,扔给海豚,海豚会向球的方向游去。海洋表演,是每个海洋馆的必备活动,殊不知,这种动物本身非自然的行为会对动物造成很大伤害。海洋表演的主要目的是让人们认识海洋生物,从而懂得如何亲近它们、保护它们,同样用新型科技代替真实的海洋表演能够更好地达到这一目的。

游戏场馆中用户根据游戏规则进行游戏。游戏规则是用户按照顺序找出鱼类,运用手柄分别单击相应的鱼类完成游戏,如果单击错误的鱼类,那么该鱼类会发出声音,声明自己的名称,如果单击正确,则该鱼类消失。游戏场馆是以上场馆的趣味延伸,也是通过游戏的方式,让人们更加了解海洋生物。

4. 虚拟展示系统的美术风格介绍

《海洋乐园》虚拟展示系统是一款以海洋馆为基本模型,增强海洋馆教育功能的虚拟展示平台。每个场馆都有不同的功能,主场馆采用卡通海岸与卡通场馆入口,让用户放松心情,引起用户兴趣。其他功能场馆,运用虚拟仿真的模型,模拟真实环境,给用户一种身临其境的感觉,运用视觉和听觉相结合的方法,加强用户沉浸感。为使海洋生物能够给用户留下深刻印象,强调本系统的教育功能,达到海洋乐园的本质目的,场景中所有鱼类皆为仿真模型,使整个虚拟展示系统的风格更加统一。

5. 虚拟展示系统的系统流程分析

通过以上的《海洋乐园》虚拟展示系统的功能模块与系统分析,可以对《海洋乐园》虚拟展示系统流程进行计。《海洋乐园》虚拟展示系统流程如图 7.1 所示。

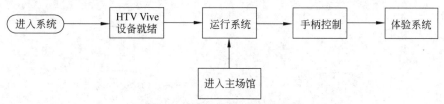

图 7.1　《海洋乐园》系统流程图

系统流程大致分为以下 3 个阶段。

阶段一:虚拟展示系统开始运行前,HTC Vive 设备连接状况正常,并且 SteamVR 显示设备就绪。

阶段二:在程序开始运行后,HTC Vive 头部显示器设备中会出现主场景,手柄能够发射出射线作为输入设备。

阶段三：此时程序根据用户的操作，判断是进行交互操作还是瞬移功能，在此场景中游览。

6. 用户需求分析

《海洋乐园》作品是一个功能完善的虚拟现实展示系统，它是由软件与硬件结合而成的。

软件部分包括程序脚本、Unity 3D、3ds Max、Photoshop、Microsoft Visual Studio。脚本是采用 C♯语言编写，完成逻辑事件的处理，控制互动程序的流程。

硬件部分是 HTC Vive 虚拟现实设备。

通过前期调查用户对作品的需求，了解到，用户需求主要体现在对系统的体验、系统交互控制和通过系统达到寓教于乐的功能三个环节。针对用户需求做出以下需求结构图。用户需求结构图如图 7.2 所示。

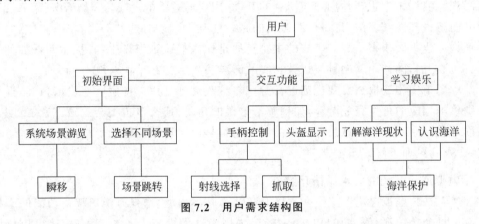

图 7.2　用户需求结构图

如上图所示，《海洋乐园》虚拟展示系统的主要功能是用户在系统中的交互和整个系统的学习娱乐功能。手柄是主要的信息输入设备，用户通过手柄发出的射线与场景中物体进行基本交互。

7. 用户用例分析

《海洋乐园》虚拟展示系统是一款操作简单的虚拟展示平台，主要在虚拟现实场景中实现人机交互，所以它的用户用例分析比较单一。用户用例分析图如图 7.3 所示。

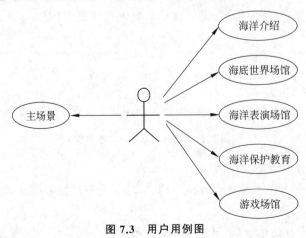

图 7.3　用户用例图

正如用户用例图所示,用户只需要通过主场景进入各个不同的功能场馆内通过视觉、听觉等多种感官体验系统的虚拟现实效果。

根据《海洋乐园》虚拟展示系统的用户用例图,可以很清晰地绘制出用户行为功能表。用户行为功能表如表 7.1 所示。

表 7.1　用户行为功能表

功 能 编 号	功 能 名 称	功 能 描 述
1	瞬移	用户场景漫步
2	场景跳转	切换场景
3	单击	单击鱼类出现介绍
4	拖曳	将球扔给海豚
5	射线单击屏幕	播放/暂停影片
6	单击发出声音	鱼类名称

8. 系统运行环境

搭载 Windows 8 或者 Windows 10 的系统并且 RAM 为 4GB 以上的主机。Intel 酷睿 i5-4590 等效或更高,GPU 要求 NVIDIA GTX 970 等效或更高,视频输出 HDMI 1.4 或 DisplayProt 1.2 或更高,USB 2.0 或更高接口。

9. 系统开发环境

硬件环境:英特尔 i7- 4720HQ /8GB RAM。

软件环境:Windows 8+Visual Studio + SteamVR+ Unity 3D。

10. 硬件架构分析

《海洋乐园》虚拟展示系统的硬件架构分为 HTC Vive 头戴显示器和两个手柄。

HTC Vive 手柄介绍如图 7.4 所示。

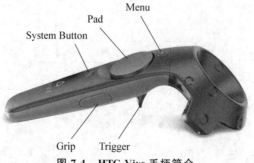

图 7.4　HTC Vive 手柄简介

扳机键(Trigger):最重要的按键,相当于键盘上的 Enter 键。通常用于单击来确定自己的选择或者长按不放来拖动物体等功能。

侧键(Grip):使用的次数相对较少,一般握紧动作通过它来实现,例如握住一根木棒。也可用于激活物品或是触发某事件。

菜单键(Menu)：最好用来弹出菜单。比如程序或者游戏的设置菜单、物品栏。

触摸板(Pad)：是最敏捷的按键。它在硬件上有两个支持的功能：得到所触摸点的坐标和对按键消息进行响应。

系统键(System Button)：在项目设计时通常不会调用这个按键，它是用来开启手柄电源和调出系统菜单的。

11. 软件架构分析

《海洋乐园》虚拟展示系统的实现需要的软件有 Visual Studio、Unity 3D 以及 C♯ 编程语言 3 大类。软件架构图如图 7.5 所示。

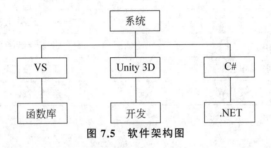

图 7.5　软件架构图

系统用 Unity 3D 进行开发、以.NET 框架在 VS 平台上运行数据。

12. 系统分析

《海洋乐园》虚拟展示系统可以分为 4 个层次，分别是进行数据搜集、场景模型建造、构建场景、人机交互。其中数据收集层包括图片、文字、声音素材。3D 建模层包括几何和图像处理，场景构建层包括模型导入和贴图、天空盒设置，交互技术层包括交互设计和操作。系统分析架构图如图 7.6 所示。

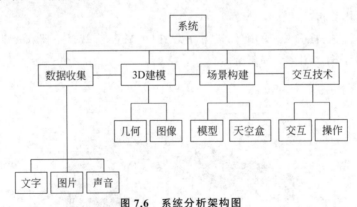

图 7.6　系统分析架构图

《海洋乐园》虚拟展示系统使用了 C♯ .NET 架构。而框架之下又分为 4 个主要模块。

13. 系统任务的可行性分析

1) 技术可行性

《海洋乐园》虚拟展示系统是采用 HTC Vive 作为硬件设备，HTC Vive 运用 Unity 3D 开发是高效和便捷的，整个系统运用 HTC Vive 实现效果十分出色。

本系统运用的主要技术如下。

开发语言：C♯。

开发工具：Unity 3D、Visual Studio。

HTC Vive 设备是 HTC 同 Valve 公司联手设计的作品，Valve 公司是全球有名的 Steam 的运营方。HTC Vive 的第一次登台亮相是在 2016 年 3 月，面世后业界对这一产品的发展前景都非常看好，正面评价偏多。本系统利用 C♯ .NET 框架，它是具有开源的，并且完全是面向对象程序语言，符合本项目设计的开发。同时它具有简单、便于维护等很多优点。可以很好地完成此项目。

2）系统安全性分析

关于系统的稳定性：《海洋乐园》主题作品使用 C♯.NET 框架进行编程，使用 Visual Studio2017 进行编译和调试。.NET 供应的编程环境是面向对象的，很好地增强了软件的可复用、灵活、可维护、可扩展等特性。同时它也运用 WPF 技术提供了很好的用户界面（User Interface，UI）框架，集成了多样的流动文字支持和矢量图形。关于内存与数据安全性：由于《海洋乐园》虚拟展示平台不是联网类单机运行性互动产品，所以不存在因外部数据安全性问题导致运行文件丢失与损坏的情况，有效地保护了本地的数据不被破坏修改。

参 考 文 献

［1］ Unity Technologies. Unity 5.x 从入门到精通［M］.北京：中国铁道出版社,2016.

［2］ 胡良云. HTC Vive VR 游戏开发实战［M］.北京：清华大学出版社,2017.

［3］ 周苏,王文. 人机交互技术［M］.北京：清华大学出版社,2016.

［4］ 孟祥旭. 人机交互基础教程［M］.北京：清华大学出版社,2014.

［5］ 方沁. 基于 Unity 3D 和 3ds Max 的虚拟实验室 3D 建模设计与实现［D］.北京：北京邮电大学,2015.

［6］ 高雪峰. Unity 3D NGUI 实战教程［M］.北京：人民邮电出版社,2015.

［7］ 宣雨松. Unity 3D 游戏开发［M］.北京：人民邮电出版社,2012.

［8］ 王震. Unity 2D 游戏开发从入门到精通［M］.北京：清华大学出版社,2015.

［9］ 金玺曾. Unity 3D/2D 手机游戏开发［M］.2 版.北京：清华大学出版社,2014.

［10］ 刘钢. Unity 官方案例精讲［M］.北京：中国铁道出版社,2015.

［11］ 冯乐乐. Unity Shader 入门精要［M］.北京：人民邮电出版社,2016.

［12］ 李莎莎.基于 Kinect 传感器的坐姿识别软件设计及实现［D］.成都：电子科技大学,2018.

［13］ 李俊军. 基于 Unity 3D 的室内建筑 3D 建模与交互系统实现［D］.北京：中国矿业大学,2015.

［14］ CARVALHO D, BESSA M, MAGALHÃESL.Performance Evaluation of Different Age Groups for
　　 Gestural Interaction：A Case Study with Microsoft Kinect and Leap Motion［J］. Universal Access in
　　 the Information Society, 2018,17(1)：37-50.

［15］ 安维华. 虚拟现实技术及其应用［M］.北京：清华大学出版社,2014.